U0236344

林成寅 作

朱戎墨 作

白藏 作

CHMERA 作

LD 狸德 作

翟大锤 作

乌鸦_CROW 作

栩影－曲水流觞 作

栩影－曲水流觞 作

有福哥不是我 作

午夜单车 作

LINK 作

皮特·李 作

LINK 作

D5 Render 渲染器实战教程

实时渲染，可视化设计新趋势

孙维富
朱戎墨
高绍平 著

化学工业出版社

·北京·

图书在版编目（CIP）数据

D5Render 渲染器实战教程：实时渲染，可视化设计新趋势 ／孙维富，朱戎墨，高绍平著 . —北京：化学工业出版社，2023.9

ISBN 978-7-122-43743-3

Ⅰ. ① D⋯ Ⅱ . ①孙⋯ ②朱⋯ ③高⋯ Ⅲ . ①图像处理软件-教材 Ⅳ . ① TP391-413

中国版本图书馆 CIP 数据核字 (2023) 第 119795 号

责任编辑：林　俐　刘晓婷

责任校对：边　涛　　　　　　　　　　　　　装帧设计：对白设计

出版发行：化学工业出版社（北京市东城区青年湖南街 13 号　邮政编码 100011）

印　　装：北京宝隆世纪印刷有限公司

787mm×1092mm　1/16　印张 12½　字数 300 千字　2023 年 8 月北京第 1 版第 1 次印刷

购书咨询：010-64518888　　　　　售后服务：010-64518899

网　　址：http://www.cip.com.cn

凡购买本书，如有缺损质量问题，本社销售中心负责调换。

定　　价：98.00 元　　　　　　　　　　　　　　　版权所有　违者必究

首先，非常感谢朱戎墨老师的坚持，让我们得以看到这本详尽的D5Render（D5渲染器）使用教程，也感谢正在阅读的你，选择本书作为D5Render入门书籍。

成立至今，D5Render一直深耕实时渲染领域，自主研发了业内顶尖的D5 GI和AI降噪算法，成为国内首款实时光追渲染器。D5Render不仅仅是一款操作更简单的渲染器，我们将其定义为"3D创作工具"，以实时渲染为起点，提供一种全新的工作流，打造愉快、高效、自由的3D创作体验。

基于此，D5Render为用户提供了丰富的功能和素材内容，目前已广泛应用于建筑设计、园林景观、室内设计、婚礼宴会、影视广告等领域。

本书旨在帮助初学者快速掌握D5Render的使用方法，并为进阶用户提供深入的技术指导。教程将从D5Render的基础功能开始，逐步介绍模型导入、材质制作、灯光设置、动画制作、渲染技巧等内容。

诚如本书作者朱戎墨老师所言，D5Render将开启一段更为有趣的设计旅程。我们希望这本详尽的教程能够帮助大家充分发挥D5Render的强大功能，尽情释放和表达创意，创作出精美的作品。

预祝学习顺利，收获满满。

D5Render 官方

2023年6月

目 录

CONTENTS

第3章 D5Render 精细化渲染设置

第1章

关于渲染和渲染器

许多设计师都希望能做出照片级别的效果图和高质量动画，但常常不得法，花了很多时间和精力，但达不到预期的效果。D5Render被誉为"国产渲染器之光"，本书深入讲解如何利用这款渲染器进行设计方案的深化，让设计方案灵动起来。先让我们来了解一下和渲染相关的知识，这会帮助你深入理解渲染，进而提升渲染的实践能力。

1.1 渲染让方案有了温度

实际工作中设计方案的电脑场景表现手段多种多样，但都会遵循一定的流程，所谓流程就像是流水线生产产品一样，经过多道特定的工序后，最终得到成品。那么场景表现的流程是怎样的，渲染在其中又扮演着什么角色？下图能帮助大家一目了然地搞懂这些问题。

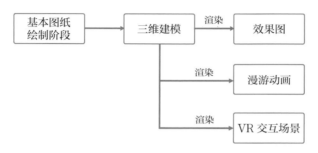

设计方案电脑场景表现流程

从上图可以得知，无论是建筑、室内、景观、规划等设计领域，还是动画制作、VR（Virtual Reality，虚拟现实技术）应用等领域，无一例外需要渲染。但很多人可能会质疑，觉得场景表现今后会被BIM（Building Information Modeling，建筑信息模型）垄断，根本不需要渲染后的效果图。从实际的工作经验来看，以上的说法不太符合现实。BIM仅应用于施工行业，而效果图服务于更多行业，特别是对于非专业人员来说，CG（Computer Graphics，计算机绘图）是更具体、直观的获取信息的方式，有许多在做BIM相关设计的公司依然有很多从事渲染的工作人员。

在21世纪初期，施工方案汇报只要有图纸就可以了，但现在，汇报的PPT中至少要有几张效果图。另外，很多施工现场或者售楼处都会设置反复播放的漫游动画。最近几年，VR技术越来越普及，甚至进入普通家庭，我们设计并制作过多项关于小学生素质教育和建筑工地安全教育的场景类漫游动画VR作品。还有一种情况渲染更加不可或缺：在给投资人汇报建筑项目时，不可能只拿着BIM模型讲解和演示。

听汇报的负责人、来售楼处买房子的顾客、VR眼镜后面的受众，以及准备出资的投资人，这些"普通人"虽然都不是专业人士，但是在某些意义上，他们却比专业人士更为重要。

从图纸到模型再到最后的渲染效果图，设计方案在感官上逐层递进，更加接近真实，也更能被普通人读懂和接受，这样，方案就有了属于自己的温度。

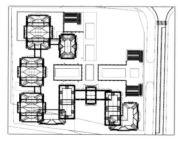

图纸

模型

渲染效果图

要学习和利用渲染技术，首先要选择一款渲染器。目前，市场上的渲染器数量众多，似乎让人难以选择。但事实上，从内核来看，无非就是两种，即以CPU为核心的渲染器和以GPU为核心的渲染器，其渲染方式分别被称为"CPU渲染"和"GPU渲染"。

1.2.1 CPU 渲染

CPU渲染主要依赖CPU(中央处理器)和内存完成，也被叫作离线渲染，在实际操作中只需要点击【渲染】按钮，就可坐等其渲染完毕。我们最熟知的VRay渲染器就属于CPU渲染器。

3ds Max端的VRay渲染器渲染效果

CPU渲染有以下几个特点。

① 完全依赖CPU和内存的性能，所以大内存和多核心CPU的硬件投入是关键，有些公司为了提高渲染速度，会投入大量的资金创建超级渲染集群。

② 渲染的速度相对较慢，即使再好的硬件配置，在出正式渲染作品的时候也需要较长的时间。当年还没有云渲染的时代，许多设计师都是在睡前调整好参数，利用晚上睡眠的时间来进行渲染，以节约时间。当然，现在有了云渲染服务商，渲染耗时长的问题得到了很大的缓解。

③ 无法做到实时渲染（即只能进行所谓的离线渲染），而且最终效果是一定的，若调整方案，就必须重新渲染，大大增加了场景修改的成本。

以上是传统的CPU渲染的共同特点，也是绝大多数老牌渲染器更新版本时需要不断优化的问题。软件的优化、硬件配置的提高、云渲染服务等技术的进步，让那些老牌渲染器依然有着十足的实力。

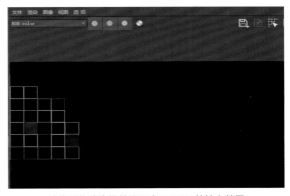

渲染时的渲染块数量取决于CPU的核心数量

1.2.2 GPU 渲染

在提及 "GPU（显示芯片）渲染" 的时候，很多人都会习惯性地称之为 "GPU加速渲染"，很明显其特点是渲染速度快。CPU渲染依赖CPU和内存，不使用显示芯片的资源，而GPU渲染则让显示芯片一起参与完成渲染。所以，新兴的渲染器无一例外地选择GPU渲染，并且通常都是采用实时渲染的方式。随着RTX（Ray Tracing Texel eXtreme，光线追踪）技术和DLSS（Deep Learning Super Sampling，深度学习超级采样）技术的不断成熟，实时渲染的运行速度进入发展的快车道。

RTX显卡支持DLSS技术

GPU渲染有以下几个特点。

① 速度快。这得益于GPU的核心数量多达上千个，专业的制图显卡会更多，而目前CPU一般只有十几个，最多几百个核心。与此同时，在进行渲染的时候CPU还要承担部分计算机整体系统的运算工作，而GPU则可以专一地完成渲染工作。

②实时性。实时性渲染让用户在调整方案的时候更加灵活。绝大多数GPU渲染器是所见即所得的，设计修改后，场景的光影、材质关系也会立刻得到修正，可以马上输出调整后的效果，输出的时间只需要CPU渲染输出时间的几十分之一。并且如果感觉一个GPU无法满足需求，还可以再增加一个。

③ 图像密集程度极高的场景更能凸显GPU的计算处理能力和优化场景的能力，因为现今的GPU都会配置AI深度学习芯片，这对于需要实时渲染的场景来说，无异于如虎添翼。

④ RTX技术的应用。RTX光线追踪技术起源于NVIDIA（英伟达）公司，它的核心技术就是实时渲染，这样不管是设计软件还是各类游戏，终端用户的操作过程就是渲染的过程。

下图截取的是制作过程中源文件在软件中呈现的样子，基本上就是我们想要得到的最终结果。

实时渲染效果

⑤DLSS技术的应用。DLSS深度学习超级采样技术是在场景渲染分辨率的基础上，同时再通过人工智能算法模型和AI加速硬件单元（Tensor Core）来拉伸输出画面，提高显示分辨率。例如，1080P的渲染分辨率通过人工智能算法和Tensor Core运算，可以输出4K（2160P）的显示分辨率，以此达到提升帧数的目的。简单来说，实时渲染得到的分辨率较小，但是通过算法能增加其分辨率，并且不失真，不丢色，让设计师们可以轻松地输出高清甚至超高清的渲染作品。

值得一提的是，如今VRay这类的老牌渲染器也推出了实时渲染技术，加入了光线追踪技术，甚至其母公司还推出了独立的实时渲染器Vantage，不得不说，GPU渲染的时代真的到来了。

1.3　国产渲染器的成长——与国外软件比拼的倔强

D5Render是一款新兴的国产渲染器，诞生于2019年4月，经过近一年的测试后，于2020年5月发布1.6的全新版本，这标志着D5Render正式上线进入商业运营。在短短的三年时间里，D5Render已经成长为一款非常成熟的渲染器。D5Render基本拥有现今市面上最新GPU渲染技术，同时还在不断地更新与进步。

很多人并不了解当下诞生的国产软件会面临怎样的竞争环境，下面我们就来简单说说目前市面上主流的渲染器，大家就能明白D5Render在竞争中求生存和进步的勇气。

1.3.1　VRay

VRay渲染器是行业中出现较早的"大佬级别"的渲染器，其应用可以说遍布所有CG行业，每年在艾美奖等多个计算机表现奖项中都有着不俗的成绩。

许多设计工作者最早接触的渲染器都是VRay，到目前为止，VRay渲染器依然拥有全球最多的设计用户。并且，VRay的每次革新几乎都能带动渲染行业的革新，甚至会影响整个CG领域乃至计算机硬件技术。在很长一段时期，许多设计师将VRay的标准视为设计"金标准"。另外，VRay的研发团队从一开始就将其制作成插件式的软件，嵌入三维建模软件当中，这在当时可以说是一个创举，收效十分显著，不仅可以减轻安装独立渲染软件给计算机造成的负担，而且更符合建模用户的操作习惯。

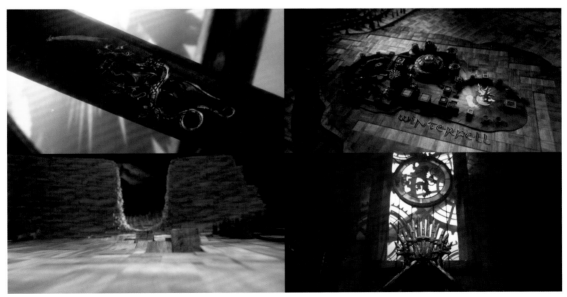

VRay制作的《权力的游戏》的场景

但是这款如此优异的软件对新手并不十分友好，因为各种参数的调节以及配合非常依赖经验，新手很难驾驭，即使经过一段时间的学习和使用之后，要想实现理想的表现效果，也并不是容易的事。

1.3.2 Artlantis

　　Artlantis可能是一款有一定工作年限的人才听说过的渲染器，可以说是第一款真正意义上的实时渲染器。早期的Artlantis是一枝独秀的存在，后来开发者Abvent看到其不错的市场反响，进而推出了更多实时渲染工具，例如Render[in]，还有后来大名鼎鼎的Twinmotion。但随着Twinmotion的易主，Artlantis似乎停止了软件更新，目前最新的版本依然是2021版。没有了新技术的加持，又不能支持更高版本的建模软件，Artlantis进入了"瓶颈期"。

Artlantis室内外渲染效果

1.3.3 Twinmotion

　　2019年，Epic公司收购了Twinmotion，推出了加载UE引擎的Twinmotion2019，并且在Epic商城中开展免费体验，体验期结束后更是以非常亲民的价格为用户提供永久性服务。Twinmotion2019具有实时渲染的引擎，并且拥有大量的第三方组件，实用性得到了极大的提升。对于那些觉得UE系列引擎效果出众，但太难上手的设计人员来说，Twinmotion是非常不错的选择。如今，其最新版本2022.2在各方面又有了重大提升，在支持RTX技术方面也进行了很大的优化；最重要的是Twinmotion除了可以导出图片以及动画之外，还可以直接导出EXE可执行文件，并能直接连接VR设备，提供漫游、方案重塑等体验，这极大地降低了制作VR场景的门槛，可谓是设计工作者的一大福音。

Twinmotion操作界面以及渲染效果

RTX开启后效果

但是，同等体量的场景、同样的配置，Twinmotion与其他渲染器相比需要耗费更多的系统资源。另外，其RTX功能也仅仅支持图片的导出，并且开启后对资源的占用极大，所有的显示和导出速度都会大大降低，动画的导出会出现闪屏现象，VR场景还会自动关闭这个功能。

这里要提示大家，Twinmotion的设计逻辑是在Twinmotion中进行初步设置，然后无缝导入UE引擎中进行深化处理，这就意味着要想得到更好的效果，UE引擎依然是无法绕开的关键。

1.3.4 Enscape

Enscape可以说是近几年最火的渲染插件，从两件事情可见一斑：第一，全网各个平台的下载资源远远超过官方提供的素材；第二，VRay的母公司购买了它的版权，以插件的形式进行安装，支持其应用的平台主要有SketchUp、Rhino、Revit和Archicad。

真正意义上的GPU渲染引擎、最新的版本支持DLSS技术、能够最大限度地表现场景的光影关系、支持PBR（Physically-Based Rendering，基于物理的渲染）系统材质、支持动画导出、支持VR场景的建立……只要你能想到的功能，Enscape几乎都有。随着版本的不断迭代，Enscape的功能也越来越趋向成熟。其最新版本Enscape3.4在SketchUp端已经与VRay For SketchUp实现了兼容，让方案的进一步深化处理成为现实。

Enscape实时渲染效果

但Enscape也存在着一些问题：当方案比较复杂的时候，其渲染表现没有问题，但是如果方案较为简单，场景内颜色又相对单一，其光影和材质表现就显得有点捉襟见肘了；另外，Enscape的素材库在国外的服务器上，下载速度较慢，使用起来难免会不方便；Enscape与VRay的兼容也有待进一步优化。

1.3.5 Lumion

Lumion作为较早进入实时渲染领域的软件，也有着非常不错的表现。我们从Lumion1.0时代开始使用，最大的感受是其实时渲染有点名不符实。看上去所有的效果均为所见即所得，但是要想得到更优秀的表现，需要大量添加软件自带的特效，同时由于需要大量占用系统资源，只能通过手动操作进行实际效果的预览，因此实际无法做到实时渲染。

但Lumion是以上所有软件中操作比较简单的，拥有丰富的本地素材库，Lumion12还再次开启了本地素材库扩展功能，让软件有了更大的适合国人的素材库，更能满足中国用户的需求。Lumion支持高清图像、高清视频的导出。但是至今为止，Lumion都没有支持RTX技术。官方最新消息是Lumion2023将全面支持RTX技术，效果如何，拭目以待。

Lumion在诞生之初是专门针对室外建筑的，所以在室外场景的渲染上有着很好的表现。由于室内表现需要大量的灯光布置，Lumion在这方面有一定的欠缺，所以一般来说，在制作要求较高的室内渲染时不会选择Lumion。

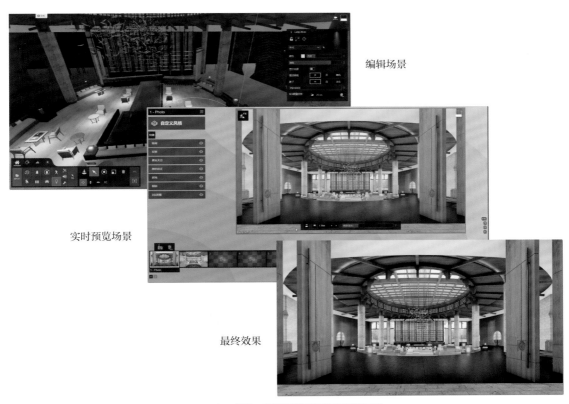

编辑场景

实时预览场景

最终效果

Lumion 编辑、实时预览和最终效果的区别

Lumion 的室外渲染

1.3.6 D5Render

我们深入使用过以上所有渲染软件，但对D5Render情有独钟。D5Render作为新一代国产独立渲染引擎，几乎囊括了以上软件的各项功能，例如全面支持RTX和DLSS技术，同时支持PBR材质系统，支持图片、动画、VR场景的导出，并且几乎全部功能免费给用户使用，即使是收费部分，也是非常亲民的价格。

D5Render自带了大量的特效，可以不借助第三方软件实现后期的处理。另外，最新版本对于硬件的支持也更加友好，最低只需要一张1060 6G版本的显卡即可获得不错的使用体验。

软件上手极快，界面以及功能按键设置完全符合国人的使用习惯和需求。制作方案的过程中，通过鼠标拖曳的方式就可以完成各项操作。

D5Render的实时渲染效果

D5Render自带超大体量的素材库，包含物件、材质以及粒子特效，用户也可以用最简单的方法创建自定义素材库。预览图像左上角不带"PRO"字样的素材，用户都可以免费使用。

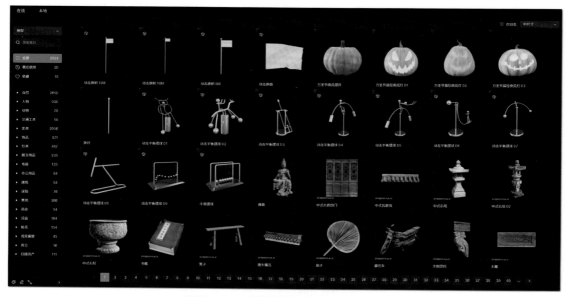

D5Render丰富的物件资源符合国人需求

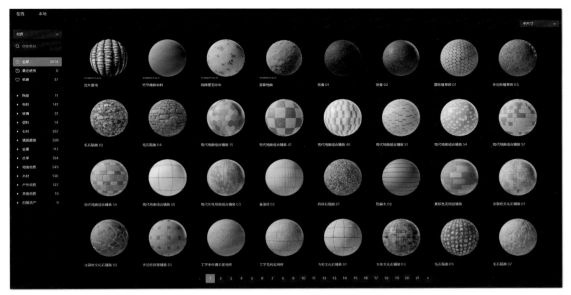

D5Render官方材质库包含室内外几乎所有材质

D5Render在一众顶级渲染器中突破了很多技术难点，完全的自主知识产权为国人挣得了众多的荣誉，在国内的软件行业市场点起了星星之火。

说了很多D5Render的优秀之处，我们来看看专业的设计师们又是如何评价D5Render的。知名第三方商业软件评论平台Growd针对建筑设计类软件的2022年夏季报告如下图所示，可以看到，D5Render的市场占有率和用户满意度都名列前茅。

Growd针对建筑设计类软件的2022年夏季报告

结合更多的软件以及第三方插件的支持，D5Render几乎可以营造所有的场景效果。在接下来的章节中，会带领大家全方位地了解并掌握D5Render的强大功能，并通过实际的案例展现这款国产软件的优异之处，接下来让我们一起进入D5Render的世界。

1.4 D5Render 的安装与设置

1.4.1 D5Render 的安装

获得D5Render的方式非常简单。

步骤1 在浏览器中输入 https://cn.d5render.com/，进入D5Render的官方页面。

步骤2 点击右上方【登录或注册】按钮，注册一个属于自己的账户，然后回到主页点击下载软件，稍许等待后软件便下载完成。安装的过程也非常简单，一直单击【下一步】即可完成安装。

> **提示**
>
> D5Render的安装程序非常小，因为所有的素材都保存在官方的服务器上，但还是建议大家安装在非系统盘中。

步骤3 软件安装完毕后，直接双击桌面上的D5渲染器快捷方式，打开软件，点击欢迎界面的左下角处登录刚才注册的账户。到此为止，D5Render就安装完成了。

1.4.2 D5Render 的基础设置

做好软件的基础设置能为后续的使用提供便利。D5Render的基本设置非常简单。

步骤1 在欢迎界面中单击【新建】命令，建立一个空文档，单击左上角【菜单】命令，在弹出的对话框中点击【偏好设置】，其目的是根据用户的使用习惯对软件做相应的设置。

步骤2 打开【偏好设置】后，设置其属性。

·为了防止假死机的状态，选择关闭【自动保存】，而采用手动保存的方式。

将D5Render的素材存储位置改到计算机中最大的盘符，以获得更大的空间。

·如果您是PRO用户，还可以单击【组件】选项，将全部的制作组件都打开，以备后续使用。

1.4.3 安装插件——联通三维世界

点击左上角【菜单】命令，选择【回到欢迎界面】，点击【工作流】命令，在打开的面板中，选择用户使用的三维建模软件对应的插件，点击【下载】命令，下载后直接单击【打开文件】，执行相应插件的安装，这里安装了SketchUp、3ds Max以及Rhino的插件。安装时，程序会自动识别用户软件的版本。

对应的软件不同，插件的外观会有略微的差别，但是功能上是大致相同的，在后面的章节中会详细讲解插件的使用方法。

安装Rhino、3ds Max、SketchUp三款插件后的效果

下面讲解下D5Render的推荐配置，显卡的能力直接决定着D5Render的表现水平，官方给出的测评如下图所示。

室内客厅	实时表现				渲染耗时						
	帧数（FPS）		显存占用（MB）		静帧（含通道图）				视频8s		
	低质量	高质量	低质量	高质量	16:9	2k	4k	全景8k	1080	2k	4k
GTX 1060 6GB	60	10	2970	3238	1.22m	2.89m	11.59m	22.81m	1.0h	-	-
RTX 2060 6GB	60	36	3379	3582	18.4s	36.8s	2.13m	4.64m	4.51m	7.08m	16m
RTX 3060 12GB	60	40	2601	2907	14.2s	28.2s	1.55m	3.61m	3.18m	4.95m	10.01m
RTX 3090 24GB	60	52	4453	4952	15.5s	13.4s	48.8s	1.66m	1.89m	2.70m	5.11m

都市街景	实时表现				渲染耗时						
	帧数（FPS）		显存占用（MB）		静帧（含通道图）				视频8s		
	低质量	高质量	低质量	高质量	16:9	2k	4k	全景8k	1080	2k	4k
GTX 1060 6GB	50	4	5418	5600	2.14m	5.22m	18.98m	29.91m	3.11h	-	-
RTX 2060 6GB	60	19	5460	5553	28.7s	55.3s	2.88m	4.96m	14.32m	21.39m	6.04h
RTX 3060 12GB	60	27	6170	6266	22.1s	37.5s	2.10m	3.66m	8.35m	13.42m	26.92m
RTX 3090 24GB	60	35	7455	7976	16.2s	13.0s	48.9s	2.49m	4.32m	6.67m	12.87m

从图中不难看出，官方对显卡的最低要求是GTX 1060 6G的版本，这个配置在众多的渲染器中还是比较低的。但是从实践经验来看，用户的电脑最好使用GTX 1070 8G以上的配置，否则场景文件在超过2G以后，会由于内存过载，而导致软件自动关闭或者卡死等现象。另外，32G以上的内存也是保证可以在场景中放置大量物件的前提。D5Render官方还为用户提供了检测工具，用户可以按照官方的说明，对自己的计算机进行测试，以得到详细的配置参数的指导。

第 2 章

D5Render 界面分布与基础操作

2.1 D5Render 的界面分布

2.1.1 欢迎界面

双击桌面快捷方式，打开D5Render的欢迎界面，如下图所示。

（1）新建文件组

【新建】创建全新的空白文档。

【打开】可以打开软件支持的所有文档类型，目前D5Render支持的文件类型有".drs"".skp"".fbx"".d5a"".3dm"。

【最近使用】列表中展示本机曾经编辑过的源文档,如下图所示，用户可以双击某一个预览图实现快速访问。

最近使用列表中会有一些文档没有预览效果，那是因为此文档没有在本机上渲染过，只需要对此文档进行一次渲染，即可在此处生成预览图。

（2）登录D5账号

单击后可以注册或者登录D5Render的官方账号。

（3）动态新闻

此处会显示D5Render官方发布的新闻、动态，以及一些大赛链接。

（4）演示场景

此区域会列出官方的场景文件，让用户初步了解软件在此类场景下的使用细节，用户可以自行下载，并对里面所有的元素进行编辑，下载效果如下图所示。

2.1.2 工作界面详解

双击刚才下载的演示场景的预览图，稍等片刻便可以打开D5Render的第一个场景，如下图所示。

（1）场景列表

场景列表可以理解为相机列表，即在渲染设置的过程中可以实现多个镜头及其参数的存储。例如，在调整场景1中的相应参数后，将鼠标移动到对应的场景列表1上，单击出现的 [更新]按钮，就可以保存和更新镜头的参数。单击场景3，可以继续设置参数，然后单击场景3的 【更新】按钮，保存参数。通过这样的操作，用户就可以切换1和3两个场景，观察因参数不同产生的变化。软件如此设置的另一个好处是同一场景可以设置不同时段、不同色系，甚至多种不同物件的场景效果。

单击 【添加场景】可以继续添加相机场景，单击 【更多】按钮，可以打开如下图所示的高级菜单。

【过渡动画】默认是选中的状态，可以在镜头切换的时候保留镜头的运行过程，在场景间切换的时候会有动画的播放效果。

【仅镜头切换】可以实现两个镜头无过渡的直接切换。

【清空场景】是将此镜头内所有的元素清除干净。

（2）图层

可以通过单击 ➕ 按钮为场景添加图层，单击此图层，确保其为实际操作层，然后就可以把需要添加的物件放到新建的图层中，如下图所示。双击图层名称的部分可以为图层修改名称，以便记录每个图层放置的内容是什么，见名知意，方便后续的查找。

通过单击图层面后面的 【锁定】和 【显示/隐藏】按钮可以对整个图层的物件进行锁定以及显示或隐藏的设置。这样的分类分层的存储方式可以极大地方便后续的操作。

（3）场景资源

场景资源列表中会显示出所有场景中的元素，如下图所示。右侧的【已导入】是导入的本地素材的列表，例如用户可以导入自己准备的skp、fbx等格式的素材。

列表中元素的操作与图层的操作基本无异，区别只是针对的对象不同，用户可以右键单击某个元素，调出相应的菜单，如下图所示。

本小节先讲解几个操作中最常用的命令，剩余的命令会在后面的相应案例中继续探讨。

【复制】命令，对选择的物体进行复制。用户也可以通过"Ctrl"+"D"快捷方式进行快速复制。

【成组】命令，可以配合"Ctrl"键或是"Shift"键在列表中进行选择，然后进行成组，快捷方式是"Ctrl"+"G"。成组后的物件便可以在一个组中进行统一化的编辑了，如下图所示。选择一个组，调整参数，组内所有元素的参数都会跟着调整。

（4）创建按钮

在软件界面最上方能看到一排创建按钮，如下图所示。

【创建灯光】，单击按钮后，可以依次创建下图所示的灯光，也可以根据灯光后面的快捷方式创建灯光。

	点光源	1
	聚光灯	2
	灯带	3
	区域光	4
	舞台灯光	
	投影灯	

> **提示**
>
> 【舞台灯光】【投影灯】Pro用户才能使用。

【创建路径】，可以为场景创建人物、动物、车辆等的行动路径，此功能主要应用于动画制作，或者是大型效果图快速布置物件使用。

【植物绘制】，可以用笔刷、散布或者路径的形式对植物进行快速地、大范围地布置，主要应用于需要大量布置植物的场景。

【添加粒子】，单击以后，系统会直接调出素材库面板中的粒子列表，用户可以直接将其导入场景中。

（5）视图辅助工具组

在系统的操作视口的左上角和右上角分别有3个半透明图标，如下图所示。

【编辑切换】工具，可以在"移动/旋转"命令和"缩放"命令之间进行切换，如下图所示。此命令的快捷方式是键盘上的"V"键。

【坐标转换】工具，可以在全局坐标与用户坐标之间进行切换，类似CAD或者是3Dmax的世界坐标与用户坐标的切换，效果如下图所示。

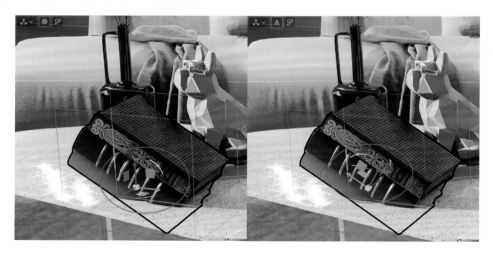

【材质拾取】工具，可以快速拾取物体材质的相关信息，并显示在材质参数面板中，方便用户在参数面板中对参数进行调整，快捷键是"I"键。

> **提示**
>
> 第一次导入的模型只需要用鼠标左键单击，即可显示材质参数。【材质拾取】工具一般在两种情况下使用：①后续导入的本地素材要调节材质的时候；②想要选取位于透明物体后面的物体的材质，例如穿过水面拾取池塘材质，便可以选择这个工具并按住键盘的"Alt"键进行选择。

【相机】工具非常重要，是渲染表现时最先用到的工具，会在后面小节中进行详细阐述。

【显示】工具可以切换场景不同的显示状态。下图是默认的显示样式。

默认的显示样式

读者可以自己观察每一种样式的效果是怎样的，此处只讲解几个比较重要的操作。

"模式"栏中的 ![实时]【实时】选项用于控制场景的动态元素以何种方式显示，默认的 ![实时] 模式是所有动态元素都变成静态效果，点击此按钮后会变为 ![跑] 模式，此时的效果是所有的动态元素都会根据预设进行动画的播放。

"渲染质量"栏中有三种显示效果，用户可以根据计算机配置的高低进行切换，确保操作的时候系统能够顺畅运行，下图是不同画质下的显示效果。

不同画质的显示效果

提示

显示模块中的设置关系到渲染质量和速度，用户可以根据实际需要进行设定。在第一次运行D5Render时，系统会针对用户的计算机自动给出显示的默认效果，用户可以自行调整。在最新的2.4版本中，渲染质量划分为【精细】和【流畅】两种。

![移动模式]【移动模式】可以调出视图编辑的两种状态。

【环视】模式可以像使用SketchUp一样对视图进行推、拉、摇、移等操作；【漫游】模式则可以借助键盘的"W""A""S""D"键进行场景内移动，借助"Q""E"键进行上下平移，配合鼠标右键，可以实现边移动边环视四周。

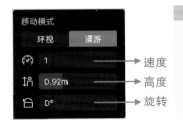

提示

【漫游】模式参数如左图所示，可以精细地对视图进行调节。

（6）输出选项组

软件界面的右上方是与输出相关联的各类按钮，如下图所示。

【VR】工具，效果比较一般，不太建议使用。

【渲染】工具，单击以后，软件界面会变成渲染操作模式，如下图所示。

【类型】选项包括【图片】【全景图】两个选项，代表渲染相机视图和全景效果图。

【视野】是视角的宽度，数值越大，可见的范围越大。

【比例】为出图的长宽比。

【预设尺寸】为用户提供了常用的出图尺寸，D5Render目前最大可以输出16K的超高清图像。

【自定义】中用户可以自己设定出图的尺寸，单击 按钮可以解除等比例锁定。自定义尺寸时，比例会根据当前尺寸自行切换，用户会在视口中看到渲染安全框，所有在安全框以外的模型将不参与渲染，下图中椭圆圈出来的部分便不会参与渲染。

【选项】可以选择输出什么类型的图像。如右图所示，用户可以根据需要选择要输出的通道图，每一个通道图都是后期处理的辅助工具，在后面的案例中将为大家详细说明其使用方法。

【格式】选项中用户可以根据需要选择输出格式，建议用户使用png格式即可，png格式无损压缩且兼容各种系统。

【输出视频】，单击此按钮可以直接制作动画，D5Render采用的是关键帧补间动画的形式，所以用户只需要确定第一个镜头和最后一个镜头，便可以自动生成浏览动画了。在后面的动画案例中会带领大家一起制作一个完整的动画案例。

【渲染列队】，单击可以打开渲染列队，在一个场景中可以创建多个相机镜头，在出效果图的时候，可以单击 【添加到渲染列队】，即可将当前相机添加到列队中，然后切换到另一个相机，继续单击 ，直到所有相机都添加进来，然后一起进行渲染，能提升工作效率。

四个相机添加到列队中的效果

（7）环境与后期面板

环境与后期面板内容较多，我们在下面的2.2、2.3小节中详细讲述。

2.2 环境面板

2.2.1 地理天空与 HDRI

环境面板位于D5Render的右侧，其参数控制的是场景的自然光照。在"天空"栏中有【地理天空】和【HDRI】两个选项。

> **提示**
>
> D5Render环境面板中设置的所有参数都是和相机关联的，因此每次调整参数后一定要更新场景列表中的相机，否则所有参数都无法进行保存。

（1）地理天空

【地理天空】是根据场景的自然环境来设置天空的光照。通过鼠标拖拽太阳的高度角模型，

可以设置不同高度角的太阳，效果如下图所示。

在同等的太阳亮度下，只是单纯改变太阳的高度角，整个场景除了阴影的位置发生变化外，光线的照射效果也随之改变了很多，这样的表现是符合自然规律的。

【北向偏移】参数主要是调节太阳的水平位置，即太阳在天空中的方向，如下图所示。

单击后方的 ⋮ 按钮，可以调出高级参数面板，如下图所示。

面板中的【月】【日】【经度】【纬度】可以精细地调节太阳的位置，如果没有很特殊的需求，仅通过调节太阳的高度角和方向即可实现光线的调整，并不需要用到经纬度的设置。

【太阳亮度】直接控制太阳的光照强度，是需要重点调节的参数。【太阳半径】参数控制太阳圆盘的大小以及阴影的边缘羽化程度，数值越大，圆盘越大，阴影的羽化程度越高，效果如下图所示。观察图中的地面，可以看出太阳的亮度以及半径对场景光线的影响。

通过以上的参数设置，大家会发现针对太阳和天空能够调节的属性太少，所以就有了接下来这种更加精细的调整模式HDRI。

（2）HDRI

鼠标单击【HDRI】（High-Dynamic Range Image，高动态范围图像）命令，切换至HDRI控制模式。下面依次对参数进行讲解。

单击【清晨】字样，可以调出系统自带的列表选项，用户可以在这个列表中选择合适的HDRI天空图像。

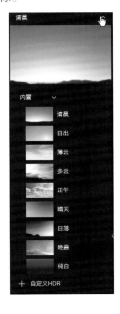

单击列表中最后的【自定义HDRI】，可以手动添加一张用户指定的贴图，添加完贴图以后，此贴图将会直接导入软件的素材文件夹中，以后就可以在任意场景使用了。

提示

在D5Render中，几乎所有本地导入的素材都会成为软件素材的一部分，包含HDRI图像、光域网文件等。另外，此处HDRI图像导入后的参数与内置图像的参数是完全一致的。

【亮度】直接控制整个环境光照的强度，决定图像整体的明暗。单击后面的 ⭐ 按钮，可以调出高级选项，用户可以在此处设置【天空亮度】和【背景亮度】。天空亮度是实际亮度，只要这个参数改变场景亮度就会改变；背景亮度是单纯的贴图亮度，如下图，改变这个参数只会单纯改变天空贴图的亮度，看上去只是背景的图像变换了，并不影响整个场景的照明。所有的渲染器都是将这两个参数分开调整，这样设置能带来极大的便利性。比如，某个场景用背景天空图片作为照明，数值调整到照明合适时背景图像却曝光过度了，这时设置两个参数分开控制背景贴图和其照明的亮度，问题就迎刃而解了。

提示

背景亮度除了控制贴图本身的亮度之外，还会直接影响场景中具有反射性质的物体的反射效果。背景亮度如果调到0，场景中玻璃等物体就会失去反射光线的性质，进而失去真实感。

【旋转】选项与【地理天空】中的【北向偏移】有相同的作用，单击 ◑【翻转】按钮可以实现图像左右镜像。

【天空色温】能直接控制环境光照的冷暖色调，进而调节画面的氛围，如下图所示。

通过调节【天空色温】调节画面的冷暖色

【太阳】用以激活或关闭太阳功能。

【太阳亮度】和【太阳半径】和【地理天空】中的用法相同。

【阳光色温】能调节太阳光的色温，影响的是直接照明（太阳）的色温效果，如下图所示。

【阳光色温】对直接光照影响最大

> **提示**
>
> 在制作最终效果图的时候，通常是通过调节【天空色温】和【阳光色温】来营造不同季节、不同时间的氛围，两个数据的不同组合，可以实现千差万别的不同效果。

【太阳方向】有两个选项【跟随HDRI】和【自定义】。在默认的情况下，选择【跟随HDRI】即可。需要说明的是，所有的HDRI图像中都会有颜色最亮的区域，大部分渲染器都会将这个最亮的区域当作"太阳"来使用，HDRI图像旋转，"太阳"也会跟着一起旋转。如果想要自定义太阳的角度，就需要点选【自定义】选项，然后手动调节太阳的【高度角】和【方位角】，如下图所示。

2.2.2 天气参数

天气参数是D5Render极其优秀的特效参数群组，包含了大量的效果，可以为渲染带来更多的细节变化。

（1）云

开启面板中【云】功能后，场景中便能生成系统自带的云，如下图所示，用户可以根据自己的需要调节参数得到不同的云彩效果，可以边观察效果边调节，直到满意。

需要注意的是，在这些参数中，【速度】和【方向】在静态情况下是看不出来的，必须开启相机中的动态显示后才能预览。

勾选【投射阴影】后，太阳光会受到云层的影响，对场景的照明产生影响，如下图所示。

　　只有在【地理天空】状态下才能使用云的效果，【HDRI】状态下云是无法使用的。另外，在【地理天空】状态下，云的效果组合可以在动画制作的时候有很好的表现，但是由于没有HDRI图像作为优质的反射环境，反射物体的真实程度会受到影响，可以利用树木等物件，在主体的周围营造更真实的反射环境。

（2）雾

　　【雾】特效能赋予场景更多的细节表现，增加场景的真实感，打开本书配套资源"【第2章】D5Render界面分布与基础操作—教堂"中的教堂模型"未命名1.drs"，如右图所示。

　　激活【雾】开关，雾开关下面的色块用于调整雾的颜色，色块旁的数值用于调整雾的浓度。用户可以根据需求调整雾的颜色和浓度，例如山间的早晨，雾颜色偏冷而厚重；夏日午后的街道，雾颜色偏暖而稀薄。在现实世界中，空气中的颗粒是一直存在的，所以，可以用雾表现出所有真实世界的效果。

　　【高度】控制雾气出现的高度位置。在【衰减】参数数值较高时，雾气高度变化更为明显。

　　【衰减】控制雾气在竖直方向上的衰减速度，数值越大，衰减越快，数值越低，雾气在竖直方向上的过渡越柔和。【浓度】【高度】和【衰减】三个参数直接决定着雾的强弱（浓度），要综合考量。

【起始距离】控制雾与镜头的距离，数值越大，雾离镜头越远，反之雾离镜头越近。

【丁达尔效应】开启以后，光线会因为空气中的颗粒形成清晰的路径，如下图所示。

丁达尔效应开启以后，在雾的参数没有变化的情况下，雾的浓度会有所增加，可以适当调低【浓度】【高度】【衰减】这三个和雾浓度相关的参数以及颜色参数，效果如下图所示。

提 示

除了【雾】的属性会对丁达尔效应有很明显的影响之外，光线强度、镜头角度以及是否有较为狭小的透射空间，都会影响其效果，所以用户开启丁达尔效应功能后，可以多尝试以上因素的参数设置。

【散射】控制雾的分散程度，"0"的时候雾会平均分布，数值越大，雾的分散越明显，场景也会显得越亮一些。

(3)风

风面板中只有【风力】和【风向】两个参数，都是应用于动画中的效果，大家可参考本书配套的视频教程，在视频中演示了其效果和使用方法。

（4）降水

激活【降水】后，用户便可以直接使用软件自带的如下图所示的雨雪特效了。此特效在动态展示下显示效果会更好，参数设置非常简单，用户可自行调整观察变化。

2.3 后期面板——提前进行的后期处理

环境面板的旁边就是D5Render的后期面板，如下图所示。

使用过Photoshop等软件的用户会觉得这些命令似曾相识，实际上后期处理（包括视频在内）也确实都可以在Photoshop等图像处理软件中进行。当然，软件开发者不会做无用功，之所以这样设置，主要是因为在模型处理阶段完成后期操作会让最终表达更加自然，而模型完成后的后期处理往往会过于生硬；其次是因为现在的主流渲染方式是全模型渲染，基本不需要后期软件添加更多的元素，使用者更乐意在一个软件中完成所有工作。

（1）LUT

LUT 是 Look-Up-Table 的缩写，即颜色查找表，用户可载入预先设定好的颜色方案，迅速应用于当前场景，载入 LUT 前后的对比如下图所示。下方的【强度】参数直接控制加载特效的显现程度，"0"时完全不受加载特效的影响，"1"时则是全效果显示。

用户还可以在本地加载更多的 LUT 特效，只需要在【强度】上方的下拉菜单中选择 ＋ 自定义LUT ，如右图所示，即可添加 LUT 的预设文件（后缀名为 cube），也可以一次性载入多个 LUT 的预设文件进行切换使用，如下图所示。

提示

cube 文件的获得方法很多，可以自行从相关网站进行下载；也可以直接下载一些专业的合集插件包；还有一种方法是使用 Photoshop Lightroom 等软件对已有的 cube 文件进行调整，然后另存成新的 cube 文件。在本书配套资源中提供了很多非常好用的 cube 文件，大家可以自行加载使用。

（2）后处理

后处理面板给了用户更多自己设定的可能。

【曝光】激活自动曝光后，渲染器会自动分析画面，将亮度调整到适合的数值，类似于人眼从明亮进入黑暗或从黑暗进入明亮环境，会自动调整瞳孔的大小来适应环境，开启前后效果如下图所示。

> **提 示**
>
> 在D5Render中，包含HDRI图像在内，几乎所有本地导入的素材都会成为软件素材的一部分，并且HDRI图像导入后的参数与内置图像的参数是完全一致的。开启或关闭自动曝光，对于渲染来说并没有直接的影响，不管是不是自动曝光，用户都可以通过调整参数来调整曝光效果。不同之处在于，开启自动曝光会更便捷；不开启自动曝光，手动设置则能使光线更精致细腻。
>
> 在手动调节的时候，数值越大，曝光强度越大，反之曝光强度越小。

【对比度】控制图像中的明暗对比关系，数值越大，画面的明暗对比越强烈，反之画面越柔和（越接近灰色），当数值拖拽到最左端（数值为0）时，图像会变成纯灰色。

【高光】控制图像当中较亮的颜色区域，其数值的变化只会对画面中较亮的区域有影响，较暗和中间色调的区域不会有变化，效果如下图所示。

【阴影】控制图像当中较暗的区域，数值的变化只会影响画面中的暗部区域，如下图所示。

【反差】类似相机中的"gamma矫正"，数值越大，图像中颜色之间的差别越大，反之则差别越小，数值为0时，图像会变成纯黑色。

【白平衡】也被称为色温，它模拟的是有色滤玻片在相机镜头前的遮挡效果，实现不同色温光线下的场景效果，在低色温和高色温下的场景效果如下图所示。

【色调】控制从绿色到红色的过渡，与白平衡可以共同作用，调整图像的整体颜色。

【泛光】控制发光体的光照宽度和光晕大小，如下图所示。

【镜头光晕】模拟光晕现象。相机逆光拍摄时，如果有方向不一致的入射光线，就会在图像中形成光斑，这就是光晕，如下图所示。

提 示

　　产生光晕的前提是逆光设置相机，另外随着相机位置的变化，光晕的效果也随之变化。

　　【暗角】模拟物理相机镜头四角亮度平缓降低的渐变效果，如下图所示。暗角参数数值不易过高，从下图可以看出，过高的暗角参数会让画面丢失很多细节。

　　【色散】模拟光线由单色到分色的过程，真实相机镜头的玻璃达不到绝对平整，光线经过镜头后，会产生类似光透过三棱镜的分散效果，如下图所示。

　　【饱和度】控制图像中颜色的浓度，数值越大，浓度越高，图像的颜色越艳丽，反之图像颜色越灰暗，数值为0时会变成灰度图像。

（3）风格化

风格化面板提供了两个选项：【AO】和【线稿模式】。

【AO】即环境阻光，激活后会在物件背光、交接，以及画面近景的区域添加黑色，使图像的层次更加丰富。

> **提示**
>
> 用户也可以在出图的时候选择AO通道直接输出，只是没有参数调整选项。

【线稿模式】可以为图像的边缘区域添加线条样式，可以直接添加，亦可配合AO效果一起使用，如下图所示。

【线条颜色】调整线条的颜色。

【线宽】控制线的粗细。

【按距离改变线宽】勾选后，会根据距相机的远近来自动调整线条粗细，离相机越近线条越粗。

【背景色】控制边缘以外区域的颜色。

2.4 相机系统

每款渲染器都有自己的相机系统，D5Render的相机可以和众多软件联动，基础位置可以通过建模软件设定，具体的参数可进行详细的设置。

相机的绝大多数参数都在相机参数面板中，如下图所示。

【曝光】中的【自动】开关和参数与2.3小节后期面板中的【曝光】效果完全相同，此处不再赘述。

【视野】参数控制视角的大小，数值越大，角度越宽，显示的范围越大，如下图所示。

【相机裁剪平面】布置在与镜头视线垂直的位置。设置好镜头与裁剪平面的距离后，裁剪平面和镜头之间的场景将不可见，如下图所示。

此功能的作用是，在相机镜头前有遮挡物时，可以在不影响光照的情况下剪切掉遮挡物，如下图所示。

墙体遮挡效果　　　　　　　　　　　　　　　墙体裁切效果

【景深】开启后，设置参数以及效果如下图所示。单击 ⚙ 【设置焦点】按钮，然后在场景中的合适位置点击鼠标左键，点击的地方将作为焦点；【模糊度】 🎛 可以调整改变景深效果的强弱，数值越大，焦距范围外的场景越模糊，数值越小，焦距范围外的场景越清晰。下图红圈的区域就处于焦距范围外。

【视图】选项控制图像的显示效果，⊞ P 是【一点透视】（快捷键"P"），◈ F8 是【两点透视】（快捷键"F8"），【两点透视】非常常用，多数情况下都会在设定好位置和角度后，执行两点透视命令，以矫正相机。

紧跟两点透视之后的是各种正交视图的按钮，可以通过单击按钮或是执行对应的快捷方式切换至需要的视图，便捷地切换视图能让用户更加顺畅地在场景中放置各类物件，某些侧视图需要配合线框显示，效果会更好，如下图所示。

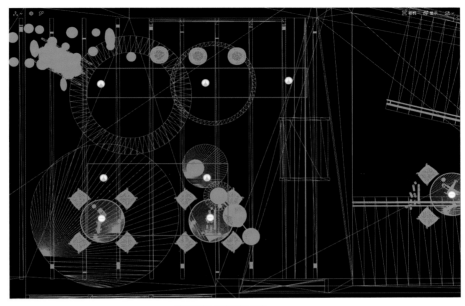

顶视图上灯光的复制

提 示

相机除了这些主要参数外，在场景列表中还有几个需要注意的事项。

①两个场景中如果一个场景使用了相机的裁切功能，而另一个相机不使用此功能，用户一定要选择【过渡动画】的方式，【仅镜头切换】会导致裁切一并保存下来。

②在更新相机参数后，一定要更新相机，让所有参数得到更新，包括天空面板、后期面板、"相机"参数栏的所有参数。

③物件的显示或隐藏属性也可以保存到相机中，即同一个物件，可以在同一个场景的不同镜头中显示或隐藏，这样就可以在同一场景的不同镜头中使用不一样的灯光和各种素材物件了，如右图所示。

2.5　灯光系统——渲染的核心

光线在现实世界中非常重要，我们能清晰地看到物体，能够分辨各种颜色和材料，都离不开光照。在渲染的世界中，光线也同样重要，没有光的参与，再真实的建模、材质效果也无法完美地展现。

在"2.2环境面板"一节中我们学习了自然光的设置，下面将讲解人工光源的具体种类以及基本设置方法。进一步的布光方法和规律，会在后面的综合案例中与大家一起探讨。

2.5.1　点光源

【点光源】是以点为中心向四周发散式照明的光源，类似现实世界中的灯泡。点击软件屏幕上方的 💡 【灯光】按钮，选择【点光源】或者执行数字"1"键，然后在场景中对应的位置单击，就可添加点光源。

添加灯光的位置以及属性

添加灯光后，可以通过物件的控制轴对灯光进行任意位置的移动，在选中的状态下，配合键盘的"Shift"键，拖动灯光物件，便可以对灯光进行复制。制作两个点光源，并分别将它们放置到台灯的位置，如下图所示。

接下来我们看一下点光源的参数。

【亮度】直接控制灯光的强弱，数值越大灯光越亮。需要注意的是，开启或关闭【自动曝光】，同样亮度的灯光，光照强度会有很大的差别。

【衰减半径】控制实际光照的距离，数值越大光照影响的范围越大，数值越小光照影响范围越小。

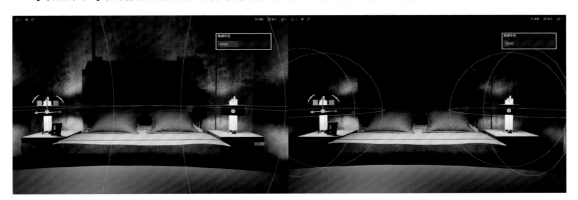

蓝色线框即为光线实际照射范围

【光源半径】可以理解为一个发光灯泡的体积大小，数值越大，灯泡体积越大，反之灯泡体积越小。这个参数类似太阳半径参数，除了物理大小的变化，还会影响光照阴影的效果，数值越大，阴影边缘的羽化越明显。

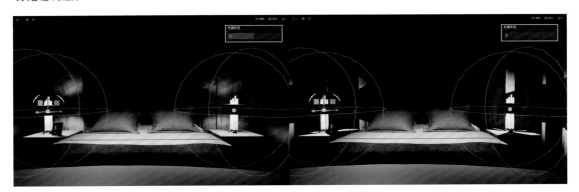

另外从物体的反射效果来说，数值越大，高光光斑就会越明显，效果如下图所示

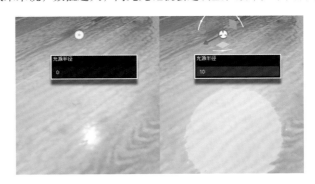

【反射可见性】控制光源实体在反射属性中的可见程度，也就是上图的光斑。点光源可以理解成一个球体，这个球体无法直接看到，但却可以在反射中看到。点光源大小不同，反射中最亮的高光点（光斑）就会有变化。如果将此选项关闭，灯光就只有漫射光照效果，不会产生光斑。

【色温/颜色】控制灯光的颜色，前者只在暖色和冷色之间进行切换，后者可以赋予灯光任意颜色。

2.5.2 聚光灯

【聚光灯】快捷键是键盘的"2"键，在场景中单击，就可以建立一个聚光灯，如下图所示。

聚光灯除了和上面讲解的灯光一样有普通照明效果外，还增加了独有的几个效果。

【IES】有两种设置模式，一种是软件自带的6个光域网文件，可以直接载入使用；如果用户要求较高，也可以自定义IES文件进行载入，如下图所示。

> **提示**
>
> 加载后的光域网文件会自动加入软件素材库中，之后便可以重复使用了。

【锥度】控制灯光发散程度，如下图所示。如果载入的光域网文件锥度过小，会直接影响光域网的实际效果。

2.5.3 灯带

灯带是模拟室内场景中的线性照明，快捷键是键盘的"3"键。

灯带特有的属性是【遮光板角度】和【遮光板高度】，是模拟现实中带遮光板的射灯，如下图所示。

带遮光板的射灯

调节不同的高度以及角度前后的效果如下图所示。

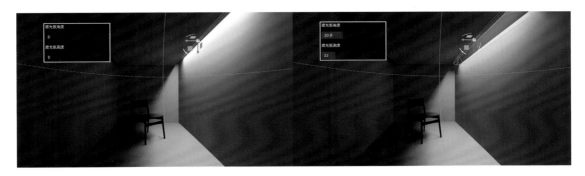

提示

在制作吊顶灯光的时候，应该在吊顶突出的区域放置灯带，并将灯光朝向上方照射，如下图所示。

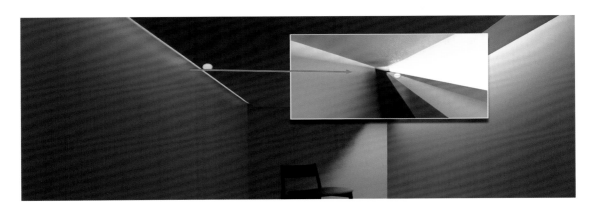

提示

　　灯带可以调节长度和宽度，方法是选中后按键盘的"V"键，切换成缩放工具自定义伸缩，或者直接在属性面板中输入数值精确调节，如右图所示。

2.5.4 区域灯

　　区域灯也叫面光源，是D5Render中最常用的灯光，快捷键是键盘的"4"键。在场景中建立区域灯后，我们会发现所有的参数与灯带的参数完全一致，如下图所示。

　　可见灯带也是区域光的一种。在实际工作中，区域灯有较好的阴影表现，即柔和的边缘过渡，经常被用于补光。当然，它也可以模拟各种带有明确照明方向的灯光（例如吊灯、射灯等），甚至也可以参与自然光线的照明（作为天空光的补偿）。

2.5.5 舞台灯光

　　舞台灯光模拟专业舞台的动态灯光效果，用户必须开启环境面板中的【雾】特效，才能看到舞台灯光的效果。需要说明的是，舞台灯光只有PRO用户才能使用。建立灯光后的效果如下图所示，效果非常像是舞台上的追光灯，其参数与聚光灯基本相仿。

舞台灯光有以下参数。

【图案】可以为灯光加载各种软件自带或者自定义的图案，如下图所示。

加载的图片越接近白色，光照强度以及光线的雾化效果就越明显。加载图片后系统是通过图片的黑白灰程度来控制光源的清晰程度。白色代表对应区域中光可以正常显示；黑色代表对应区域中光被隐藏；灰色代表对应区域中光可以半透明显示，也可以理解为光线会在灰色区域产生羽化的效果。

【旋转】控制灯光的旋转效果，此功能也必须打开 ⊀ 【实时】开关才能看得到。取值范围是-100~100，正数是顺时针旋转，负数是逆时针旋转，具体动态效果可以参考本书配套的视频教程。

【烟雾】控制光线中的颗粒大小，数值越大，光束的颗粒感越强烈，数值越小光束颗粒感越弱。

【棱镜】选项被激活后，一束灯光将被分成多束灯光。其中【数量】参数控制灯光的光束数量，【旋转】控制分开的光束统一转动的方向，如下图所示。

在实际工作中，如果不是特殊的场景表现，舞台灯光使用的概率很小，即使需要实现光束的效果，也可以通过后期软件来添加。但对于一些特殊场景，例如婚庆、舞台、酒吧等，有了舞台灯光，便可以直接在D5Render中制作酷炫的灯光效果以及动态灯光的动画，可以免除后期处理图片的工序，应用效果如右图所示。

2.5.6 投影灯

【投影灯】的所有参数与舞台灯很相似，如下图所示。不同点有两处：一是投影灯在导入灯光纹理的时候支持MP4和AVI的视频格式的文件，也就是说支持投影出真正的动态效果；二是导入的纹理可以根据自行需要调整【UV】参数以改变纹理的坐标。

> **提示**
>
> 导入的视频最大不得超过200M。

2.5.7 自发光材质

有渲染经验的读者都会知道，只要是渲染器，一定就会有自发光材质，使用它们可以模拟形状复杂的灯光。使用 工具拾取场景中的圆锥形，开启右侧参数面板中的【自发光】属性，如下图所示，整个选中物体将变成一个发光体。

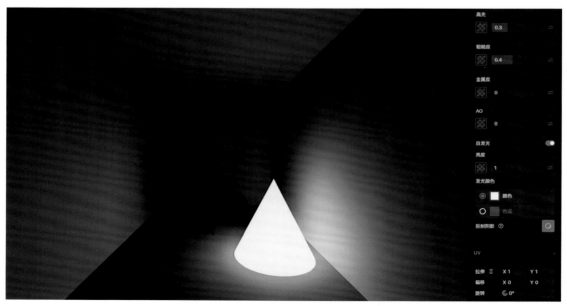

相应的参数主要有以下几个。

【亮度】控制发光的强度，同时单击滑块后方的按钮可以添加贴图，利用贴图的黑白灰颜色控制灯光的强度，白色是最亮，黑色是最暗。

【颜色】有两种控制方式，一种是单纯的冷暖色调的调整，另一种则可以赋予特定的颜色。

【投射阴影】开启后，物体才能真正将环境照亮，如果关闭，自发光只是将物体变亮而不会影响周围的物体。

以上就是关于D5Render的灯光知识点，只有掌握这些基础知识，后续才能更好地对场景进行优质的布光。

第3章

D5Render 精细化渲染设置

3.1 材质系统——真实的质感

渲染三要素是相机、灯光和材质，上一章讲解了相机和灯光的基本参数，本章来讲解最后一个要素——材质。请读者打开本书配套的源文件：【第3章】\D5Render精细化渲染设置\3.1与3.3标间\标间－材质讲解\标间.drs。

场景的灯光已经布置好，用户想对什么材质进行设置，只需要鼠标单击模型区域，出现黑色的选框后便可以在右侧看到参数面板，里面记录了所有材质的属性。接下来我们将按照从上到下的顺序，对材质的参数进行详细讲解。

【材质模板】中可以选择软件自带的基础模板，D5Render为我们提供了10种基础模板，如下图所示，每一种模板下方都有简单的介绍。大多数情况下，导入模型后材质基本都是【自定义】。

3.1.1 自定义模板

所有的特殊模板都是在自定义模板的基础上增加特殊的属性，所以我们先来讲解自定义模板中的基础属性，再讲解其他模板的特殊属性。

【不参与渲染】勾选后，材质仅可见，但是不会对场景中的光线起到影响，既不会阻挡光线，也不会投射阴影。下图中的窗帘由于勾选了【不参与渲染】，所以不会阻挡室外的阳光，阳光可以顺利地照射进入室内。

这种方式多用于布光时，有些物体距离光源太近，出现不和谐投影，这时就可以将此物体设置为"不参与渲染"。另外，进行室内渲染时，经常会在室外放一张真实的图片模拟背景效果。将这张背景照片设置为"不参与渲染"，既能保证环境的真实感，又可以实现正常光照效果。

【**基础色贴图/基础色**】 "基础色贴图"和"基础色"两个属性是关联在一起的，前者控制材质的纹理，后者控制颜色的混合效果。两者结合起来像是在原有贴图的基础上覆盖一层带颜色的膜。当然，也可以通过单击【基础色贴图】后面的高级菜单，对贴图颜色的属性进行更改来达到这种效果。

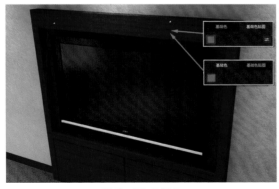

材质＋颜色的混合　　　　　　　　　　　　　　　　　单独的贴图颜色设置

【**法线**】 控制纹理的凹凸效果，取值范围是−1~1。取正数的时候图片中的亮色区域将会凸起，暗色区域将会凹陷；取负数的时候正好相反，亮色区域将会凹陷，暗色区域将会凸起。数值越接近极限，凹凸的效果越明显。

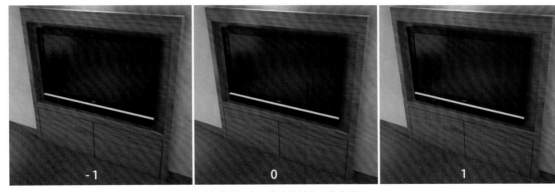

木纹效果在三个法线数值下的表现

【**高光**】和【**粗糙度**】 "高光"和"粗糙度"是一起调节的，前者控制材质的反射强度，后者控制材质的光泽度。高光数值越大，反射强度越大，反之强度越小。粗糙度数值越大，表面就会呈现出亚光感，反之表面具有光泽感。

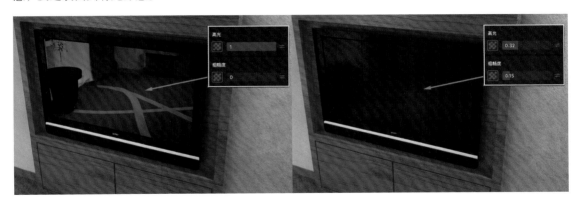

【金属度】 控制物体金属质感的强度，数值越大越接近金属效果，反之则是非金属的效果。金属度参数配合【高光】和【粗糙度】一起调节，效果会更好。

【AO】 即环境阻光，与后期面板中的【AO】功能类似（见38页）。不同的是，在这里，用户可以添加贴图得到纹理的叠加。

> **提示**
>
> D5Render中，很多属性的前面都会有一个贴图通道，可以直接单击后将合适的贴图赋予当前属性，这也是PBR材质系统非常重要的操作。

【自发光】 基本属性讲解见48页和49页，下面图中，左图射灯的灯口，右图室外的环境贴图都为自发光材质。

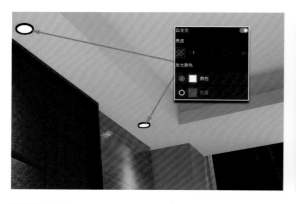
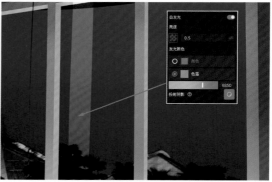

> **提示**
>
> 在实际的室内项目中，使用贴图作为室外环境是常用的操作。通常会给这张贴图添加自发光属性以模拟环境光照效果，至于发光的颜色，一般只需要根据图像本身的颜色来调整冷暖色调即可。

【UV】 控制材质贴图的纹理坐标。【拉伸】选项以数值的方式控制贴图的重复次数，数值越大，重复的次数越多，纹理也越小，反之纹理越大。接下来的两个参数控制纹理XY两个轴向的移动以及旋转的方向。默认情况下是与导入模型贴图的纹理坐标一致，但如果导入的模型贴图是乱的，或者导入的模型根本没有贴图，那么调整以上三个参数是不能解决贴图的UV坐标问题的，所以便有了下面的参数。

【三向映射】 对于复杂混乱的元素，开启【三向映射】以后纹理会自动进行平铺且均匀复制。用户可以根据需求再对UV相关属性进行调节，得到较完美的纹理效果。

提 示

D5Render中，几乎所有能添加贴图的位置，都可以单独针对当前使用的通道贴图调整UV和三向映射属性。此处的【UV】和【三向映射】是对这个材质的所有通道贴图统一进行调整。用户如果要想对其中某一个通道的贴图进行调整，也可以单击通道后面的 ≒【高级】按钮，在弹出列表中，会出现 单独UV ⑦ ● 【单独UV】选项，激活这个选项后，便可以对这个通道进行单独的UV调整了。

【高级参数】 是D5Render中比较新颖的属性，也是很好用的新功能。其中【圆角】控制物体边缘的圆滑程度，开启后可以调整数值，数值越大，圆角越强烈。绝大多数室内装饰以及家具都要进行圆角处理。

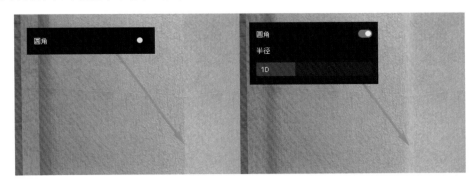

提 示

可以利用圆角柔化边缘的特性，修复模型的细节问题。右图是窗帘进行圆角处理前后的对比。

【限制溢色】 当场景中某种材质的颜色过于鲜艳时，这个场景的GI（Global Illumination，全局光照）中就会充斥着这种颜色，这是符合现实世界规律的。但如果不想要这样的效果，就可以激活【限制溢色】选项。下图是激活此选项前后的对比效果，开启限制溢色后，家具受到场景中红色的影响明显小了很多，更多地呈现出原本的色彩。

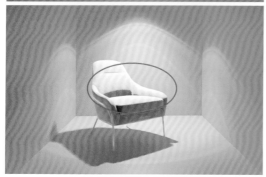

3.1.2 其他特殊模板

接下来，我们将针对不同材质模板的特殊参数属性按照从室内到室外的顺序进行讲解。

（1）透明模板

导入的模型如果有透明属性，导入时就会被自动赋予透明模板。模板中有以下参数。

【折射】 控制透明物体对光的折射强度，可以根据实际情况进行调整，也可以直接按照透明物体自身的物理属性进行调整，例如玻璃的折射率是1.55，水的折射率是1.33，水晶的折射率是2.3等。

【厚度】 开启后，能将原来单面的玻璃物品优化为双面的效果，可以根据需要设置数值。

【透明度】 控制透明物体的透明程度，取值范围在0~1之间，数值越大透明度越高，反之透

明度越低，数值为0时物体将变成黑色效果。

透明度为1　　　　透明度为0

> **提示**
>
> 在实际生活中所有的透明物体都有厚度，例如水面、玻璃等，但是在建模的时候，很多新手会忽略这一点，因此软件设置了此参数。如果模型本身已经设置了厚度，就无须设置这个参数了，否则原来正确的光照关系反而会受到影响。

【透明度】 对应的位置上有贴图通道，但是添加贴图后效果不好，因此此模板不能制作镂空或者窗纱一类的材质效果。

（2）布艺模板

【衰减】 可以为材质添加非常优秀的衰减效果，能很好地表现布料的质感。

另外，布艺模板中也有【透明贴图】和【不透明度】参数，配合这两个参数，用户可以轻松地制作出类似窗纱的半透明布料效果。

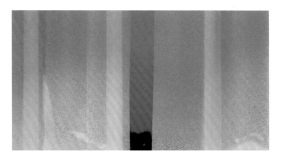

（3）自定义透贴模板

在通过贴图控制透明效果的材质赋予方法中，自定义透贴模板是最好用的一种。贴图中黑色对应的材质隐藏，白色对应的材质显示，中间色调对应的材质以半透明的方式显示。用户可以据此制作出很多生活中常见的镂空材质效果，例如镂空的金属。

（4）视频模板

可以添加一段视频到相应材质表面，在动画制作中会有更好的表现效果。

此模板的参数和自发光材质非常类似，不同的是，若要看到实际效果，此模板必须开启动态模式。大家可以参考本书配套的视频教程学习其具体的操作方法。

（5）树叶模板

树叶模板与透明模板相似，也是通过控制材质的透明度来实现树叶、花草等半透明效果，参数与透明模板也完全相同。

此模板在室外植物场景中的使用效果也很好，可以非常轻松地模拟出阳光穿透植物的效果。

（6）水模板

利用水模板可以很好地实现自然水面效果。选择相应的模型后，直接切换到水模板，如下图所示。

此模板自带法线贴图，可以直接通过【法线】调整水面的起伏程度，取值范围在 −1~1 之间。

法线 0

法线 1

【折射】设置成水的折射率1.33就可满足要求。

【流动速度】在动态效果下，控制水流的流速。在静态效果下，用户也可以通过拖动滑块实现水流细节的变化。

【深度】控制水的深度，如果采用平面模拟水面的效果，这个参数能够增加水的真实性。

深度 0.2

深度 0.8

> **提 示**
>
> 水波的大小要通过【UV】进行控制。另外要注意的是，水模板最好应用于室外大面积的水效果，对于很多室内液体来说，效果并不理想。

UV 10

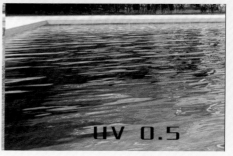

UV 0.5

（7）车漆模板

车漆模板是在自定义材质的基础上添加了一层反射计算效果，主要参数包括【清漆层】和【清漆层粗糙度】，前者控制材质的反射强度，后者控制材质的粗糙度。

需要注意的是，D5Render中的车漆无法实现现实中的车漆噪点，有待进一步改进。

（8）置换模板

置换模板可以制作出强烈的凹凸效果，能轻松模拟出特别的材质效果。【置换】的英文是displacement，直译是距离，但早期翻译成"置换"，便一直沿用至今。此面板的【法线】中增加了【高度】参数，用户可以借助贴图（最好是黑白色贴图）实现置换的效果。贴图颜色较深的区域是向下置换，而颜色较亮的区域是向上置换。

从下图可以看出，不添加法线贴图的效果（下图左）远远不及加上法线贴图后的效果（下图右）那么明显。

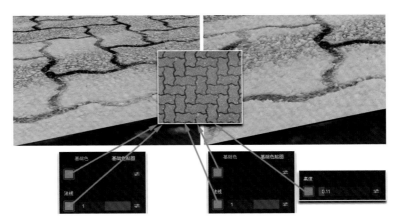

提示

置换效果只能在面以内显示，也就是说"置换"不会改变模型的形状或者厚度等。如右图所示，地面并不会超过放置在上面的物体。

（9）地形草模板

地形草模板是2.3版本新增加的功能，可以快速展现室外草地的效果。用户只需要直接切换模板，就可以快速得到草地的效果。

【高度】控制草地整体的高度。

高度0.1

高度2.0

【密度】控制草地在材质表面的密集程度。

【修剪】模拟修剪过后草顶端呈现的整齐状态，在一定程度上也可以作为草地的高度参数使用。

【贴图混合值】是2.4版本的新属性。当同时使用两张贴图（如地面基础色贴图和叶片基础色贴图），可以通过此参数来控制哪张图片显示得更清晰。

3.2 PBR系统材质

PBR全称是Physically-Based Rendering（基于物理的渲染），PBR材质的特点是具有更高的真实性。在实际操作中，PBR材质是通过控制材质相关通道的贴图纹理来实现材质的表现效果。一套完整的PBR材质需要有完整的贴图进行匹配，如下图所示。

damaged_blue_paint ed_wall_21_06_ao.jpg　damaged_blue_paint ed_wall_21_06_diffus e.jpg　damaged_blue_paint ed_wall_21_06_glossi ness.jpg　damaged_blue_paint ed_wall_21_06_height .jpg

damaged_blue_paint ed_wall_21_06_metal ness.jpg　damaged_blue_paint ed_wall_21_06_norma l.jpg　damaged_blue_paint ed_wall_21_06_reflect ion.jpg　damaged_blue_paint ed_wall_21_06_rough ness.jpg

用户在使用这类贴图的时候需要关注文件名称的后缀，例如"diffuse"代表漫反射贴图，"glossiness"代表光泽度贴图。使用时，只要找到合适的贴图放置在相应的通道上即可。

大家可以打开本书配套资源"【第3章】D5Render精细化渲染设置—3.2 PBR系统材质—PBR源文件"中提供的"PBR源文件.drs"，此时可以看到场景中已经有了漫反射贴图。

材质属性中每个参数前都有一个小方框，单击方框，便会弹出载入位图对话框，此时就可以根据贴图通道的名称载入贴图了。下图是载入不同的贴图后，材质表面的具体变化。

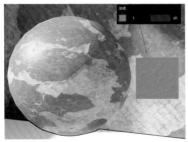
法线贴图（normal）

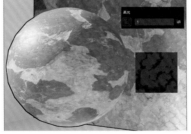
反射贴图（reflection）

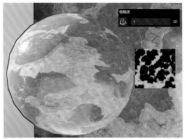
粗糙度贴图（roughness）

金属度贴图（metalness）

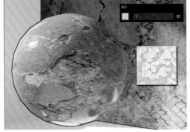
环境阻光贴图（AO）

高度贴图（height）

提示

在D5Render中使用PBR材质要注意以下几个问题。

①PBR贴图的质量直接决定材质表现的质量，所以我们能够找到的大多数PBR贴图都是动辄6K或者8K的尺寸，这样的大尺寸对于计算机的要求自然很高。用户可以利用Photoshop等软件对图片进行压缩，但建议尺寸不要小于2K。

②PBR贴图可以在一些专业的网站上进行下载，也可以使用第三方软件进行制作。本书为用户收集了常用的PBR贴图，基本可以应对常见的场景。

③PBR贴图是通过贴图的灰度级别来控制参数效果的强弱程度。观察上图中金属度贴图对应的材质变化效果，越接近白色的区域，材质表面属性越强烈，越接近黑色的区域越弱化。其他的通道也是这个原理。

④PBR材质中的表面粗糙度属性有两种对应的贴图，一种是"glossiness"后缀，另一种是"roughness"后缀。不同的渲染器支持不同的后缀，D5Render支持"roughness"后缀的贴图。

⑤不一定要每个通道都有对应贴图，有时候为了操作快捷等原因，可以只对部分通道设置贴图。

⑥D5Render的置换在平面表现中效果很好，但是在三维物体的表现中UV坐标会出现一些问题，如右图所示。

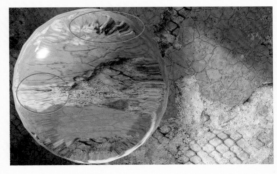

素材库面板——最贴心的功能设计

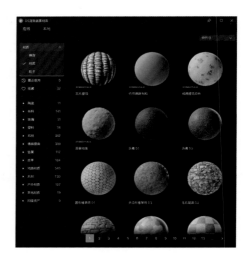

单击软件左上角的【素材库】按钮，即可调出素材库面板。

整个面板分为【在线素材】和【本地素材】两部分。在【在线素材】选项中，共有三种素材类型，即模型、材质和粒子。

首先，接着以上章节的内容，先来说"材质"部分，D5Render为用户提供了2000多种常见的材质，有这些材质基本相当于有了所有材质的模板，用户只需要调用材质，并根据模型情况调整（或更换）其贴图以及对应的UV坐标，即可得到想要的效果。

3.3.1 材质模板

调用材质的方法是，在打开的素材库面板中依照类别选择要使用的材质。第一次使用的材质，软件需要在D5Render的服务器端进行下载，所以此时计算机需要联网，等待片刻，显示下载完成后，再次点击材质缩略图，鼠标会变成滴管形状，用户便可以在需要使用此材质的地方单击鼠标左键，实现材质的赋予。用户可以多次单击场景中的材质，实现连续的材质赋予，单击鼠标右键，退出赋予材质状态。

从上图可以看出材质赋予后出现一些问题，只需要在选中当前材质的状态下调整一下UV坐标即可。对于大多数场景来说，这种材质赋予方法是高效且实用的。当然，用户也可以对现有材质模板的贴图进行替换，达到想要的效果。

提示

如果调用的材质UV坐标出现错乱，用户可以利用【三向映射】先对UV坐标进行修正，然后再进行其他的操作。另外材质素材列表中会有一些材质带有"PRO"的字样，这些材质只提供给专业用户使用，普通用户不能使用，这个字样在模型和粒子中也会出现。

用户可以单击缩略图右上方的"小红心"，将常用材质收藏在收藏夹中。这样做的好处是，不管在哪台机器上，只要用户登录自己的账号，就可以快速地找到自己收藏的元素，方便地进行调用。

继续对场景中的其他物品赋予材质，例如窗纱和窗帘。此时的材质不需要做任何调整，保持默认即可。

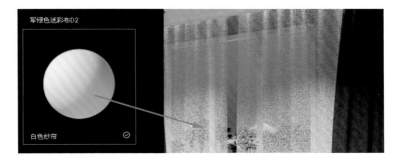

而下图的绒布窗帘赋予材质后，出现了一些问题，红框中为调整后的参数，调整完毕后效果恢复正常。

3.3.2 模型素材

模型库为用户提供了非常多的模型选择，用以丰富场景，是D5Render不可或缺的细节担当。单独调用模型的方法和调用材质基本类似，先选择对应模型下载，然后再单击调用即可。调用时，按住键盘的"R"键，移动鼠标可以旋转模型，调节角度；按住键盘的"V"键，可以调整模型的大小。

在3.1小节的标间模型中可以导入一个双人床，如下图所示。

导入模型以后，在模型未被锁定的前提下，右侧会显示模型素材的详细属性供用户调整。下面来看下这些参数的作用。

【复制】对当前模型进行复制操作。用户也可以使用快捷键"Ctrl"+"D"，或者按住键盘的"Shift"键对模型进行拖拽，实现模型的复制。

【翻转】单击后，模型会沿本身的X轴方向，即红轴方向进行镜像。

【聚焦】选择模型后，单击此按钮或者使用"Z"键，镜头会直接定位到此模型。

【对齐】在选中多个模型的状态下（配合"Ctrl"键可选中多个模型），单击此按钮，这些模型会依据第一个选中的模型的坐标轴位置，自动进行对齐操作，这种对齐是坐标轴之间的对齐。

【同步坐标系】如果模型较为复杂，有时会将其拆分成几个部分进行导入，但这样导入后，几个部分很难手动对齐，这时只需选择导入的部分，单击此按钮，几个部分便会恢复到建模时的相对位置，实现模型的重新组合。

【添加到库】能将导入的本地素材方便地添加到本地素材库。

【复位参数】如果对调整的参数不满意，可以单击此按钮恢复到默认参数。

【更新】所有本地模型的导入依赖于源文件的支持，如果源文件被用户修改了，可以单击此按钮实现场景内模型与源文件的统一。

【从素材库替换】用于将选中的模型更换为素材库中的其他模型，单击按钮后，软件会自动调出素材库面板，然后选择相应的模型后，场景中的模型将被替换。

【从本地文件替换】与上面的用法相同，只是替换的模型为本地模型。

【导出】单击按钮后选中的模型将被单独导出，格式为*.d5a，存储导出的模型，以后就可以直接进行调用了。此功能的最大好处是，对于很多大型的完整模型，用户可以提取里面的各种独立小模型，以备后续使用。

【设定唯一】所有复制出来的对象都是材质关联的，这意味着其中一个模型调整材质后，所有关联的模型材质都会发生变化，单击此按钮后，选择的模型将取消材质关联。

在模型参数面板的下方还有一些常规的模型参数，如位置、缩放以及旋转，这些参数除了特殊情况需要输入数值调整，基本上借助鼠标拖拽便可以实现调整。

按照上述关于参数的描述，将导入的床模型进行位置和大小的调整，调整完后如下图所示。

现在模型在尺寸上符合要求了，但是材质明显有些偏暗。单击键盘"I"键，切换到材质拾取工具，对材质进行调整。

以此类推，我们可以对这个床模型进行更多细节的调整。同时可以继续调用其他模型丰富场景，最终如下图所示。

提示

使用建模软件建立的模型作为本地模型导入后，所有的材质都是可以任意调整的，而在线素材库中的模型有些是不可以调整材质的。用户在使用材质拾取的时候如果右侧没有出现参数面板，说明此模型不支持材质调整。

与材质一样，也可以将常用模型设置为收藏模型。

3.3.3 特殊模型素材

在模型素材库中，有一些模型是比较特殊的，下面单独进行讲解。

（1）贴花模型

在操作上贴花模型与一般模型相似，但实际的显示效果更像是材质的补充。

将贴花拖至场景后，模型会自动吸附鼠标指向的平面，用户只需要单击鼠标左键，放置到平面上即可。

上图中我们可以看到场景中多了水渍和破损的墙面效果。选中这些模型后，可以看到右侧参数栏中，除了有模型的基本参数之外，还增加了材质参数。大多数情况下材质属性是不用调整的，除非用户想调整细节，或者想更换成自己的贴图进行形状的显示，例如，可以调整材质的不透明度参数来控制贴花的显示程度。

除此之外，还可以使用自己的贴图制作出更有意思的效果，如下图所示的车流线效果便是借助了贴花中的自发光属性调整出来的。

提示

贴花材质类似于贴图的透射效果，所以在使用的时候，一旦透射到不同面或者受到物体遮挡，透射就会产生问题，如右图所示。

在使用的时候，要注意一个贴花要控制在一个面当中。如果贴花必须在某一个位置投射，无法避开上面的其他物体，就要通过调整贴花的控制范围来实现"紧急避让"。具体的方法是，选中贴花后，会出现一个灰色的正方体框架，这个框架是贴花影响的实际范围，可以通过改变这个框架的大小或者位置来避开其他物体。

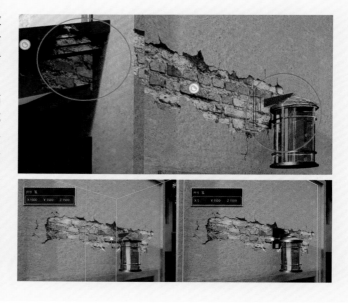

（2）动态模型素材

动态模型不是一类模型，用户会在很多模型中看到如下图所示的标注。此标注多出现在人物、树木、汽车等带有动画效果的素材中，在制作动画的时候，这些模型都会自动动起来。

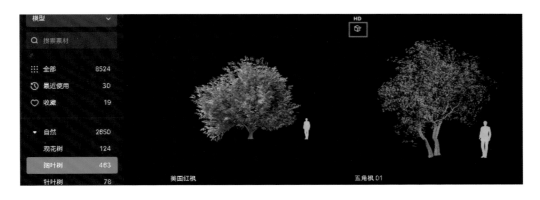

任意载入一个动态的人物到场景中，会看到右侧出现了不一样的模型参数。

即使是静帧作品也可以使用此类素材，并且可以通过调节【帧偏移】改变人物形象。其他效果都要在动态效果下才能看到。

（3）视察橱窗模型

此类模型其实是一个平面，平面中的材质通过特殊的算法模拟立体的效果。这类模型可以在表现室外建筑的时候快速塑造简单的室内环境，如下图所示。

其参数调整也非常简单。

【整体亮度】控制图像的明暗程度，【灯光】则是控制其自发光强度。

| 强度0 | 强度1 |

【元素】控制模型中特定元素的显示或隐藏效果。

| 隐藏 | 显示 |

【位置】调整模型中元素的立体效果。

| 位置0.2 | 位置0.6 |

> **提示**
>
> 导入的时候，如果选择自然类别的素材，例如树木、花草等，可以选择后重复在场景中放置，但是其他元素，例如床、沙发等，放置到场景中后，若想再次使用这个素材，必须再次单击选择素材缩略图才能进行再一次的放置。

3.3.4 粒子

粒子特效全部都是动态的效果，需要下载并开启动态效果后才能展现完整的效果。

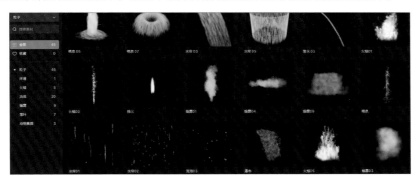

导入一个火的效果，如下图所示。

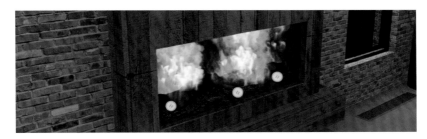

可以发现导入的火焰并没有影响照明效果。很多粒子只是单纯的效果，只能改变大小，不能调整其他属性，例如火焰的颜色等。那么如何才能实现火的真实效果呢？只需要为其添加一个点光源就可以了，参数设置如下图所示。

当然，不同类别的粒子特效参数不尽相同，例如烟雾特效的参数就可以改变颜色，如下图所示。总的来说，这些参数都比较简单，很容易上手，因此其他的粒子参数就不再赘述了。

3.4 各类元素的快速布置

制作大场景的时候，植物、人物等元素的布置是相当耗费时间的，基本都是重复的工作。D5Render为用户提供了很多快速布置元素的辅助工具，接下来对这些工具进行讲解。

3.4.1 植物的快速布置——路径

打开素材库面板，在左下方调出高级工具选项，单击【路径】按钮，便能进入路径布置状态。根据需要对相应的植物素材进行勾选，如下图所示，最多可以选择6种植物元素。

切换到场景中，单击一个位置作为植物复制的起始点，然后沿想要的路径继续单击，最后单击右键完成路径的绘制。单击路径上的任意一个植物，便可以选择整个路径，这时用户便可以调整其具体的参数了。

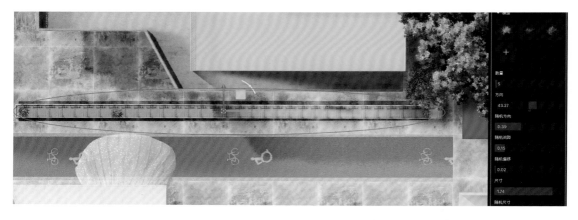

接下来讲解具体的参数。

【数量】控制路径上的元素数量。拖动滑块可以在0～100内进行调控，如果单击数字则可以手动输入任意数值。

【方向】和【随机方向】都是控制路径上物体的旋转方向。前者是统一的方向旋转，后者则是根据模型的坐标点，随机进行旋转，参数越大，方向的随机性越强。

【随机间距】控制物体间的距离。数值为0的时候物体是等距的，数值越大，间距的随机性越强。

【随机偏移】控制植物沿路径中线偏移的距离。

【尺寸】和【随机尺寸】控制植物的大小。前者产生统一的缩放，后者则是实现随机的大小变化。

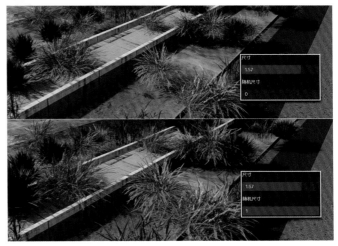

【落地】功能设置非常贴心，在沿路径排列的过程中，难免受到地形的影响，模型会出现悬空或者位于模型下方的情况，此时只要激活这个功能，就可以将模型放置在就近的物体上了。

提示

　　路径绘制好以后，如果感觉位置或者形状不合适，只要双击路径上的任意物体，就可以沿着已有路径继续绘制；或者通过鼠标选中已有路径的控制点进行重新编辑；还可以配合"Alt"键在原有的两个控制点之间添加新的控制点，使路径更加多变。

　　另外，如果用户对载入的模型不满意，也可以通过模型参数中的调整模型命令对现有路径上的模型进行删减或者替换。

　　在选择路径工具的时候，除了素材面板中的路径按钮之外，也可以通过软件界面上方的 ⬡【植物绘制】按钮进行相应工具的选择。

3.4.2 植物的快速布置——笔刷

单击 【植物绘制】按钮，在弹出的菜单中选择笔刷，便可以切换到【笔刷】工具，如下图所示。此时，鼠标样式会在原来基础上增加一个半圆形状，素材面板也会自动弹出。

与【路径】工具相同，用户可以选择相应的单个或者多个素材作为笔刷的绘制对象，在绘制的过程中可以随时调节笔刷的相应参数。

可以重复多次绘制，直到满意为止。需要注意的是，笔刷绘制的效果是无法使用"Ctrl"+"Z"进行撤销的，要想删除某一部分植物，需要在素材面板的左下方选择橡皮工具进行擦除，也可以在使用笔刷绘制的过程中配合键盘"Alt"键将其转换为橡皮，这种操作方法在工作中十分常用。

如下图所示，红色半球即为橡皮擦除的状态。默认情况下橡皮会擦除所有的对象，如果想保留某一种植物不会被擦除，可以在选中橡皮的时候在素材面板中勾选不想被擦除的植物，选中的植物将不受影响地保留下来。

当将笔刷的大小调整到最大的时候，笔刷工具自动转换为【散布】工具；也可以通过【植物绘制】按钮，直接选择 【散布】工具。此时鼠标将变成一个超级大的笔刷，用户只需要在相应的位置拖动或者点击鼠标，便可以快速实现一个大区域的植物种植，如下图所示。在大场景中使用【散布】工具将极大地提高工作效率。

提示

使用【笔刷】和【散布】工具的时候，经常会出现植物绘制到其他区域的情况，只需要在绘制之前，将鼠标指向要绘制的区域，按住键盘的"Shift"键，便可以锁定这个区域，这样再绘制就会精准很多。所有植物绘制完毕后，一定要检查一下模型重合的区域，要将多余的植物去除。对于位置较为精细的建筑之间的植物，尽量使用单个模型种植的方式，如下图所示。

另外一个值得注意的地方是，激活【沿地形生长】选项后，植物会根据法线进行分布，一般在种植树木的时候不要激活这个功能，保证树木方向都向上。

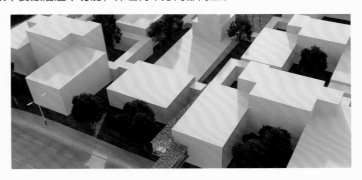

3.4.3 车辆、人物和动物的快速布置

车辆、人物和动物也是通过路径绘制完成的。下面以车辆的添加为例进行讲解。

在路径添加选项中切换到车辆，选择素材库中的车辆，然后在场景中单击鼠标进行路径的添加，添加完成的效果如下图。用户最多可以选择16种车型，在绘制完毕路径后，选中路径，右侧就会出现车辆的相关参数。

【密度】控制车流量大小，数值越大车数量越多。

【车道】控制车道数量和车流方向。

【宽度】控制车道的宽度。用户可以根据实际场景的需要合理设置参数。

【方向】有两个选项，用于设置行车的方向。

【速度】是动态效果下才能起作用的参数，控制车辆的行驶速度，建议不要将速度设置得过快，否则动画播放到路径尽头就会重头继续播放，这样就穿帮了。

【随机颜色】激活以后，只要单击【随机】按钮或者对路径上的任意车辆进行任何编辑，所有车辆都会自动更换颜色，确保颜色的随机性。如果不激活，调用的车辆会一直保持载入时候的固有颜色。

【左舵】系统默认是开启，此时司机在左边，关闭后，司机便会在右边。

【车灯】激活以后，车灯便会发光，这个设置主要是为了服务夜景的场景。

开启车灯以后，灯光只能调整亮度，不能调整颜色，并且一旦开启，会占用大量系统资源，如果车辆过多，系统会有很大负担，要谨慎使用。

人物和动物的路径添加以及编辑基本类似，不再重复讲解，下图是添加人物路径后的效果。

以上便是关于快速布置模型的讲解，需要提醒大家的是，对于普通用户，只有属于在线素材的模型可以使用快速布置工具，自定义的模型是没有办法使用这些工具的，PRO用户全部可以使用。但D5Render也为普通用户提供了相当数量的免费模型。

3.5 自定义材质库和模型库的建立

D5Render并没有把扩展的口堵上，用户可以用自己的各种素材来充实本地素材库。

3.5.1 自定义材质库

自定义材质的创建非常简单，只需要选择用户调整好的材质，单击右侧参数的中第二个按钮，材质的基本状态就会被保存下来。然后，打开素材库面板，切换到本地素材库，显示材质选项。

从上右图中可以看到，材质的名称是默认原有建模时候的名称，没有分类，也没有缩略图。单击鼠标右键，选择【重命名】，可以为其重新命名。在左侧的列表菜单中，单击鼠标右键，选择【新建分类】，可以添加一个分类。然后再次右键单击存储的材质，选择【移动到】，将这个材质移动到新建的分类里面即可。

至于材质的缩略图，有两种制作方法。如果只是自己使用，可以任意截图，自己能看明白即可，例如可以直接将模型原样截图保存下来，单击鼠标右键后选择载入图片即可。

另一种方法要正规一些，将所有材质赋予专门的材质模型，然后渲染出图，作为缩略图使用。具体的操作流程请参考本书配套的视频教程。

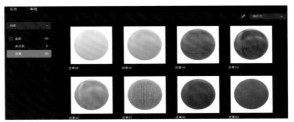

3.5.2 自定义模型库

先将本地的模型素材导入D5的场景中。找到想要使用的模型素材，单击 【导入】按钮，如下左图所示。

模型导入后，要对其大小以及材质进行调节，此时不能使用选中的方式调节材质了，必须使用【滴管】工具（快捷键"I"）拾取才能正常选择导入模型的材质（下右图）。

调整完毕后，在左侧的【场景资源】列表找到刚刚导入的模型素材，单击鼠标右键，选择【添加到本地】，稍等片刻模型便会添加到本地库中，并且系统会根据当前镜头的角度自动添加缩略图。

剩下的操作和材质的操作就完全相同了。专业的缩略图制作方法请参考本书配套的视频教程。

> **提示**
>
> 导入的模型格式分为以下几种。
>
> ○ fbx格式，通用的三维模型格式，支持众多平台的导入或者导出，用户使用任何建模软件进行制作后，都可以fbx格式导入D5Render中。
>
> ◎ d5a格式，D5Render的标准格式，通过D5Render另存为的所有模型都会保存成这个格式，以后便可以反复导入使用了，这种格式的素材会将所有调整的材质效果完全保留下来。
>
> ◎ skp格式，SketchUp的默认保存格式，支持最新的SketchUp 2022的模型。
>
> ◎ 3dm格式，Rhino的默认保存格式，可以直接导入D5场景中。
>
> ◎ abc格式，支持动画的素材，使用任何三维软件制作的动画保存成.abc格式后都可以作为素材导入D5。开启动态显示效果后，用户会看到导入的模型动了起来，模型的材质调节和静态模型基本一样。

另外，也可以利用D5Render的导出插件功能直接导出模型，然后再存储成d5a格式。

3.5.3 使用第三方模型库

上面讲了如何自建各种材质素材的方法，在实际的工作中我们还可以使用他人打造的各种素材。在这里，为各位新手推荐一个好用的素材网站——五哥素材网，这是关于D5Render素材较为完整且系统的网站，很适合新手使用。

可以根据我们的需求进行检索，找到想要的素材，例如在网站中搜索沙发模型。

单击【立即下载】，便可以下载这些沙发模型。下载后的文件一般为压缩包，解压缩后就可将其复制到素材库中。

此时，我们要定位到D5Render的素材库位置，默认是在其安装目录下，笔者的是在A:\D5 lib\D5 WorkSpace下方的model文件夹下。在之前的章节中我们说过，最好将素材目录放到其他大容量的硬盘下，这样就可以最大限度地扩展素材了。

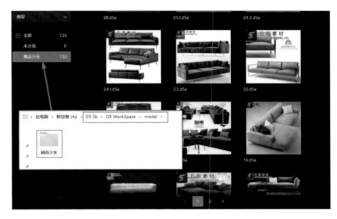

添加完毕后用户就可以看到素材的效果，如果没有显示，只需要在材质和模型的类别间稍作切换，即可实现刷新功能。按照这样的思路，本地材质也可以进行相应的添加，如下图所示。

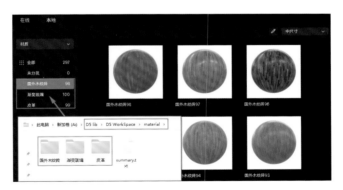

> **提示**
>
> 素材最好按照门类放在不同的文件夹里，另外如果要设置子目录，要在总目录下方新建多个子目录文件夹，然后将对应的各类素材放置其中。

以上便是关于本地素材库搭建的方法。与此同时，到这个章节为止，关于D5Render的基础知识就讲解完毕了，从下个章节开始我们将进入实际案例的讲解。

第4章

室内设计家装项目的渲染

本章节结合两个不同风格的客厅，向读者展示阴天和晴天两种状态下室内家装场景的渲染流程。第一个案例是SketchUp2022建模，D5Render渲染的流程，第二个案例是3ds Max建模，D5Render渲染的流程，大家可以举一反三，尝试将这样的制作流程移植于其他的场景中。

4.1 室内小客厅阴天表现

SketchUp模型和最终的渲染效果如下图所示。

4.1.1 SketchUp 内布置灯光位置

步骤1 用SketchUp（以下简称SU）打开本书配套资源中提供的源文件，当然，在这之前用户一定要在SU上安装好D5Render的关联插件。打开后，直接开始进行灯光的布置，这是我们使用关联插件最重要的环节。将镜头移动至任意筒灯的位置，双击筒灯模型，进入筒灯组件的内部，点击D5 Light面板中的 🔦【聚光灯】按钮，为其添加一个聚光灯模型，注意，灯光模型一定要和筒灯模型有一段距离。按照上述方法为场景中所有的筒灯建立灯光模型。

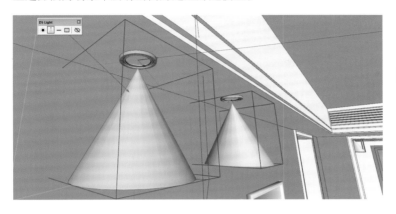

提示

这里添加的所有灯光模型只能改变其位置，没有任何参数，参数必须要进入D5Render中才可以进行调节。

步骤2 退出筒灯组件，将镜头放置在室外，点击【区域光】按钮，为其创建一个面光源，正面面向室内。

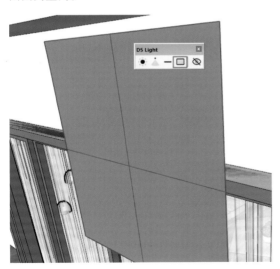

步骤3 使用缩放工具将灯光调整到与窗户同样大小，并和窗框保持一定距离。以同样的方法，在模型另一端也创建一个面光源，模拟天光照明。

提示

在室外添加面光源是模拟天光效果，可以应用到任何室内场景中。面光源默认正反面颜色与SU模型设置相同。之所以在SU中设置灯光的位置，是因为D5Render中没有自动捕捉功能，对于大范围的布置灯光，难免会不够方便。所以，建议用户可以在有经验的前提下，直接在模型创建阶段将所有灯光的位置设置好，当然，在模型关联到D5Render中后也可以继续添加或者删除灯光。

步骤 4 回到室内，在中间茶几上方的位置继续添加一个面光源照明，模拟室内主光源照明。

步骤 5 在右侧橱柜的位置创建灯带，并进行复制，作为氛围灯。

到此为止，基本的灯光已经布置完毕，如下图所示。剩下的灯光可以进入D5Render中再根据实际情况进行添加。

4.1.2 导入 D5Render

步骤 1 单击SU软件中D5 Converter插件中的 🅿️ 【链接到D5渲染器】命令，稍等片刻，便会弹出D5Render的关联界面。第一次使用时只需要单击确定即可打开模型。

SU软件中的D5 Converter插件

⊙【更新】，在SU模型有变化的时候，点击此按钮可以将更改同步到D5Render中。

▣【视角联动】，默认为激活状态，此时用户对SU所有关于镜头的操作都会和D5Render联动，如下图所示。此操作在有双显示器的情况下使用，才能实现最好的效果。

▣【同步场景】，点击此按钮后，会根据SU场景中的相机个数，在D5Render中自动添加。

步骤2 进入D5Render，首先进一步优化相机的位置。先将移动方式调整为【漫游】，将速度降低到最小值1，然后调整相机的视野为76，并且关掉自动曝光。

步骤3 使用键盘的"W""A""S""D"对相机进行位置的移动，通过"Q""E"对相机进行相机高度的调整。

此时我们会遇到一个问题：由于本案例的场景太小，相机后退到一定程度便会到模型的外面。可以使用相机的裁切功能将多余的面裁切掉，然后再进行位置的移动，直到满意为止。点击【新建场景】命令，将这个镜头保存下来。

到此为止，导入后的相机设置基本完成。如果确定不需要对模型进行更改，可以将SU关闭，确保

软件运行的流畅程度。只要SU源文件的名称不改变，再次打开SU对模型进行重新编辑以后，再次进行联动，依旧可以更新D5Render中的模型。

4.1.3 调整基本照明灯光

导入的灯光的所有参数都是默认的，所以整个场景曝光过度。接下来对这些灯光进行调整。

步骤1 选择室内聚光灯的模型，将其参数设置成下图所示。

步骤2 选择茶几上的面光源，这个光源作为室内主光源照明的灯光，在色温上使用了比较暖一点的颜色，如下图所示。此时可以发现场景中的曝光开始变得正常。

步骤3 选择两个模拟天光的面光源，对其进行设置。由于是模拟天光，所以，色温可以偏冷一些。另外一定要将【反射可见】关闭，避免室内的反射物体上出现大面积的光斑，造成穿帮。

调整参数后的效果如下图所示。

步骤4 选择右侧橱柜中的带灯模型组，这是装饰光源，简单调整即可，参数设置如下图所示。

到此为止，导入的灯光设置完毕。此时的场景虽然曝光没有问题，但是整体偏灰，缺乏生气，接下来的补光环节就显得尤为重要。

4.1.4 补光

步骤1 在补光之前，要切换镜头，并关闭相机裁切，在场景列表中再次新建一个场景，保存相机，这样做的目的是在移动镜头的时候避免受到裁切平面的影响。用户在编辑灯光和调整材质的时候，每次单击一下这个临时场景，就可以调整相关模型的参数了。

步骤 2 按键盘上的"2"键，选择聚光灯后，在沙发位置单击创建一个灯光。

步骤 3 将灯光强度降低到8，载入本书配套资源提供的光域网"射灯好用.ies"，锥角设置为43度左右。

步骤 4 复制2个灯光，选中3个灯光，朝向沙发区域倾斜一点角度。

步骤 5 用同样的方法为左侧沙发建立一个补光灯，强度设置为15，其他参数同上。

提示

　　布置完基本的照明灯光后再增加补光，是实际渲染工作中常用的布光方法。在实际中，光线在传播中会有很多次的反射以及衰减，如果渲染器完全将这一过程表现出来，将消耗大量的系统资源。所以渲染器一般会根据计算，在灯光照射到物体上后自动停止光的传播，这使得物体的阴影效果表现不佳。添加补光后，有了照明变化的同时，阴影也得到了一定的强化。要强调的是，在补光的时候，需注意不要在其他物体上投射出不适宜的阴影，所以要设置好补光的位置，当然，也要适时关闭反射可见属性。

步骤6 按照同样的方法，对右侧的座椅也进行补光照明的设置，得到如下图所示的效果。

步骤7 继续为场景左侧两个装饰性吊灯添加灯光，依旧采用聚光灯加光域网的方法。此处选择暖色的灯光，亮度调整为30即可。

步骤8 为右侧的台灯添加一个点光源，颜色设置为暖色，衰减半径为1000，亮度为0.5即可。

步骤9 在窗帘的上方添加一个灯带模型，制作吊顶灯，长度调整到与模型相匹配，颜色偏暖，亮度设置为30即可。

步骤10 在右侧置物的洞口内添加一个聚光灯，起到点缀作用，亮度设置为30，暖色，衰减半径设置为1000。

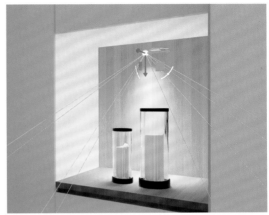

提示

关于衰减参数，在实际的调整过程中，要注意两个原则：①参与实际照明的灯光衰减数值要大，要能覆盖所有照明的区域，反之氛围灯光可以设置得小一点；②灯光模型变大的同时，衰减距离也需要增大，否则就会出现灯光模型很大，但是实际照明区域却很小的结果。

到此为止，灯光部分全部设置完成，总结一下设置灯光的思路。

① 首先设置场景照明，室内一般可以使用聚光灯以阵列的方式进行照明；

② 在室外设置模拟天光的照明；

③ 设置重点家具物件的照明，提升画面的层次感和家具物件的阴影质量；

④ 要有冷暖光的共同参与。

以上四点是室内照明的基本原则，适用于绝大多数室内场景。

4.1.5 材质调节

灯光设置完毕后，进入材质调节的环节。在D5Render中，因为有材质模板，材质调整起来是非常轻松的。

步骤1 设置室外环境贴图，给予自发光属性，亮度数值为0，默认激活【投射阴影】选项。

步骤2 调整窗纱材质，将模板设置为【布艺】，高光设为0.15，粗糙度设为0.85，在透明贴图中为其添加一张图片，并将UV拉伸数值设为40。

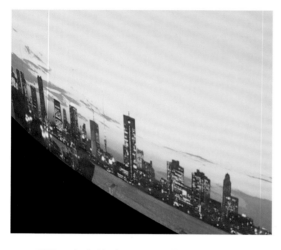 

步骤3 窗帘材质可以利用素材库中的绒布效果进行创建，将其衰减数值由默认的1改为2即可。

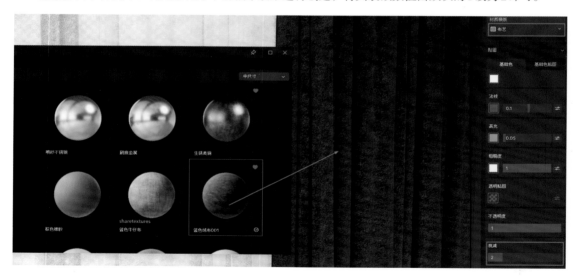

步骤4 地面采用原有贴图，在此基础上将高光数值调整为0.72，粗糙度设置为0.18即可。

步骤 5 沙发区墙面直接赋予"白色竖纹墙纸01"材质模板，并将颜色调整为墨绿色。

步骤 6 吊顶直接赋予"白色乳胶漆"材质模板，不做任何更改。

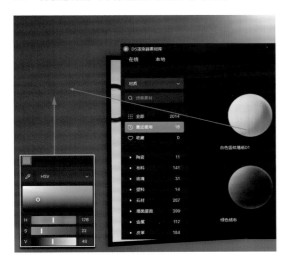

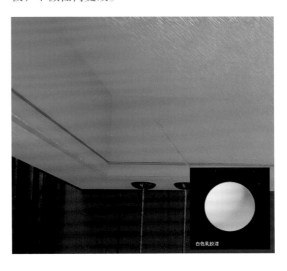

步骤 7 调整顶灯灯泡材质，高光数值设为1，金属度为0.33，开启自发光属性，并自定义其颜色。

步骤 8 调整筒灯材质，外圈将高光设为1，模拟铝效果，内部表面开启自发光材质，亮度设为1。

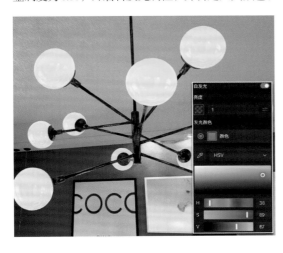

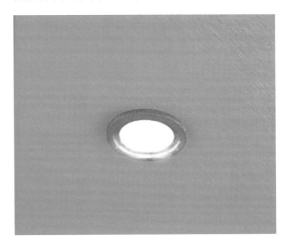

步骤 9 调整主沙发材质，采用原有导入的贴图，将模板切换为【布艺】，设置法线参数为0.11，高光为0.3，粗糙度为0.6，最重要的是衰减参数增至4.2。

步骤 10 左侧休闲沙发包含了两种材质：一种是沙发的布艺，切换模板为【布艺】，高光降至0，衰减设为3.3即可；另一种是木纹把手，将高光设为0.55，粗糙度设为0.18即可。

提示

本案例中的布艺材质很多，调整方法大同小异，下面不再逐个进行讲解，需要提醒用户的是，普通布艺只需调整衰减数值，有些透明布艺则需要设置不透明度属性。

步骤 11 左侧玻璃吊灯有内外两种玻璃材质，基础属性相似，只是外层玻璃有颜色，同时高光参数低于内部的玻璃，具体参数如左图所示。

步骤 12 茶几涉及金属和台面岩板的材质效果。有色金属和黑色金属可以在颜色和粗糙度上作些许区分。台面岩板可以按照大理石地面的基本效果调整，只是需要降低一点高光的数值。

步骤 13 右侧橱柜组合包括木纹材质和喷漆材质。木纹材质给予高光数值0.68，粗糙度0.25，添加圆角属性，数值为2，由于绝大多数的木纹橱柜采用比较光滑的表面，所以不需要添加凹凸纹理。白色的喷漆材质高光设为0.3，粗糙度设为0.21，添加圆角属性，数值为2。

步骤 14 场景中的所有相框，边框材质高光设置得小一些，如0.3左右，画面材质高光设置为1即可。

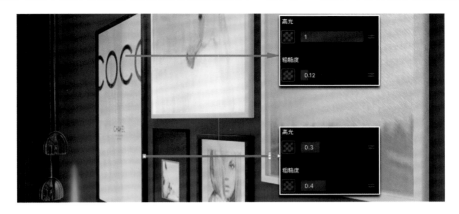

到此为止，场景中大多数材质都已经调整完毕。其他没有讲到的，用户可以参照本书提供的源文件。D5Render的材质调节有材质模板的帮助，调节起来会非常简单。

多建立几个相机，就可以从不同角度轻松出图了。

4.1.6 渲染出图

上一页的图片是最终的设置效果，但不是最终的出图效果。如果用户的显卡足够强大，且有4K级别的显示器，这时的效果已经很接近专业效果图，可以使用截图软件直接进行截图。但对于要求较高的效果图，最终的出图环节依然是有必要的，不仅效果会比在软件中显示的更加高质量，并且还能建立通道贴图，有利于后期进一步深化操作。

步骤1 设定好相机角度后，点击 📷 渲染按钮，此时软件下方便会弹出渲染对话框。

这些参数在之前的基础课程中都有讲解（参考24页和25页），设置好参数之后点击渲染按钮，稍作等待，渲染就完成了。

> **提示**
>
> 渲染时间和计算机配置有直接关系，要想得到更快的渲染速度，请升级较高的硬件配置。

| 室内客厅.png | 室内客厅_AO.png | 室内客厅_MaterialID.png | 室内客厅_Reflection.png | 室内客厅_SkyMask.png | 室内客厅_Transparent.png |

渲染得到如上图所示的多个文件，接下来用Photoshop软件对这些图片进行后期处理。

步骤2 在Photoshop中载入图片。

如上图所示，1和4图对后期没有特别的用处，可以不用理会，将2、3和5图直接拖入6图中，并完全对齐，图层的前后顺序如下图所示。

步骤3 将AO通道图层混合模式设为"正片叠底"，将图层的不透明度设为25。这样做的目的是利用AO通道转角加深的特性，让图像中的边缘细节更加突出。

步骤4 将反射通道图层混合模式设为"滤色"，不透明度设为30，可以看出反射的变化。

步骤5 创建曲线调整图层，目的是让图像的对比度稍高一点，如下图所示调整曲线。

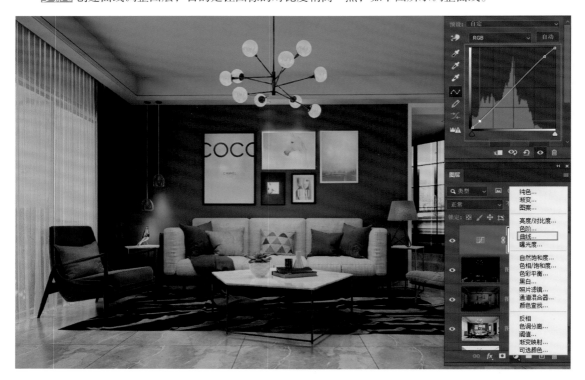

步骤6 继续添加"照片滤镜"调整图层，将图像的色调调得偏冷一些，最终效果如下图所示。

到此为止，最终的效果图（见80页）便完成了，保存成psd格式文档以备后续有修改的需要。

4.1.7 案例小结

  在之前的章节中我们讲过PBR材质，但在这个案例中，除了材质模板部分使用了PBR材质之外，自己的材质除了基础贴图，很少使用PBR贴图。这是因为，首先，高质量的PBR材质贴图需要用特殊的软件精心制作，需要耗费一定时间，而从网上得到的PBR贴图不一定符合案例的需求；再者，在全局而非特别微距的镜头下，使用或不使用PBR材质的效果并不明显。

  我们先看一下在现在渲染镜头下PBR贴图使用前后的对比。下面左图是没有添加PBR材质贴图的效果，右图是添加了相应PBR材质贴图的效果，整体视觉上并没有非常大的不同。

  但如果换一个角度，效果就会有很大的差距了。因此建议用户根据实际情况使用PBR材质贴图，要考虑表现视角、渲染速度、设置复杂程度以及贴图质量等多个问题。

4.2 室内现代客厅日景（晴天）表现

模型和最终的渲染效果如下图所示。

4.2.1 3ds Max 的灯光赋予与导出

在制作本案例之前，请用户确保已经安装了 3ds Max2022 或者以上版本，同时还要安装好 VRay 渲染器 5.2 以上版本，另外就是一定要安装好 D5Render 的联动插件。

步骤 1 打开 3ds Max 模型后，按键盘的 "P" 键，进入透视环境，开始为场景添加灯光。首先在创建栏中，将对象切换至【灯光】选项，在下方的列表中选择【VRay】，对象类型选择【VRay 灯光】，在场景中创建一个面光源，如右图所示。

不用设置灯光的属性，只要确定好位置以及光照方向即可。

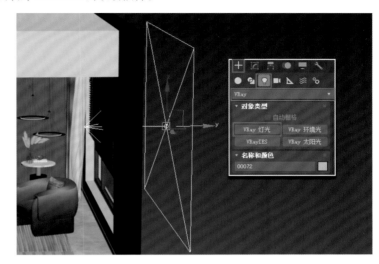

步骤 2 按照上面的方法，在场景的后侧添加一个面光源，也可以直接复制刚才的灯光。

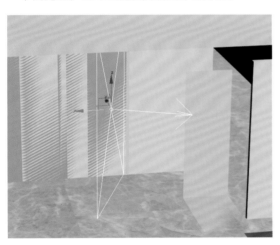

步骤 3 屋内左侧后方有几处灯带，我们一并为其添加面光源，此时要注意光照的方向。

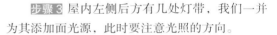

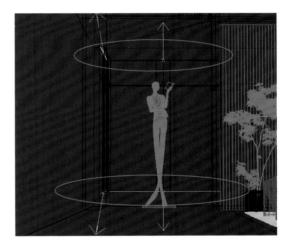

步骤 4 至此，基础灯光就布置完毕了，点击【启动同步】按钮，开始导出模型。此时的显示效果与使用 SU 略有不同，软件会在第一次运行的时候弹出一个独立的对话框，需要用户设置导出兼容性。如果用户使用的是最新版本的 D5Render，就可以直接选择 "新版同步方式"，并勾选 "记住我的选择不再提示"，点击确定以后就不会再出现这个对话框了。

场景导入完毕后，默认3ds Max和D5Render是相机关联的状态，在3ds Max中按键盘的"C"键，定义到相机镜头，此时D5Render中显示为空白，如下图所示。这是因为两个软件中对相机的解释参数不尽相同，D5Render的相机实际上是在模型外面，所以我们要在D5Render中调整相机的位置。

步骤5 设置D5Render相机的环视方式为漫游模式，并将其速度设为1，按住键盘的"W"键，向室内移动，进入室内。

步骤6 设置相机的视角为63度，高度为0.79m，适当地调整角度和位置，如右图所示。

此时的效果看上去有点奇怪，这是两个原因造成的：第一，3ds Max 的文档导入后灯光不会和 SU 一样自动关联，必须手动点击 3ds Max 场景中的 【同步灯光】按钮，才能将灯光关联到 D5Render 场景中；第二，场景中的暖色是原有模型中自发光材质的显示效果，3ds Max 场景中的 VRay 材质会自动被 D5Render 识别，这一点与 SU 中的 VRay 材质有异曲同工之处。

更新灯光后的效果如上图所示。和 SU 一样，如果灯光的位置不需要在 3ds Max 中进行编辑了，用户就可以关闭 3ds Max 软件。

步骤 7 调整室外环境光。首先在环境面板中选择【HDRI】选项，应用系统自带的清晨贴图，并设置参数如下。

步骤 8 激活【太阳】，将太阳的亮度稍提高，色温设置成偏暖，参数如下。

步骤 9 自定义设置太阳方向，要让阳光照射进室内，并且要注意阴影的方向，参数如下。

灯光位置调整完毕，效果如下图所示。

4.2.2 灯光设置

步骤 1 场景中的窗户
位置曝光过于均匀。选择
室外的面光源，设置其
色调为冷色调，数值为
8500，亮度数值为20。

另一个面光源扮演天
光补光的角色，亮度设置
为30，色调设为冷色调。

步骤 2 室内的两处灯
带涉及四个光源，它们的
参数是完全相同的。选择
灯光组，设置参数如右图。

步骤 3 本案例使用后期面板中的参数进行辅助调整。首先选择 LUT 样式为"鲜艳活力"。

步骤 4 调整参数中的曝光对比度和白平衡等参数，如下图所示。

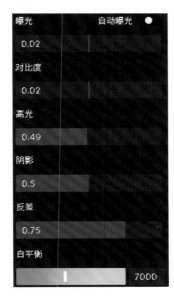

步骤 5 继续调整剩下的参数，在调整的过程中随时点击更新相机。

　　参数的调整是为了让光照更加舒适，画面显得更有氛围。同时这些调整有一定的主观性，用户可以根据自己的喜好自行定义数值，不必拘泥于本书提供的参数。

　　灯光调整后的最终效果如下图所示。

4.2.3 材质的快速调整

接下来进入材质调整环节，最大限度地使用D5Render系统提供的各类材质模板进行设置，能让工作更为高效。

步骤1 主沙发区域的材质类型比较丰富，直接赋予不同类型的材质模板。沙发主体赋予无缝织布材质，两边抱枕赋予浅灰色粗麻布，中间白色抱枕赋予白色绒布01，深色抱枕赋予蓝色绒布和蓝色绒布01。赋予这些材质后，全部执行【三向映射】，重新调整它们的UV坐标，这样就彻底解决了UV贴图错乱的问题。

提示

由于材质的关联性，场景中的其他元素也会添加相应的材质，例如左侧的沙发与主沙发的材质一致，右侧的沙发与深色抱枕一致，这样材质调整速度会变得十分快速。

步骤2 墙体采用手动调节的方式，高光数值设为0.56，粗糙度设为0.14，模拟反射相对强烈的乳胶漆效果。吊顶材质较为粗糙，反射相对较弱，高光数值0.05，粗糙度数值0.97。饰面板直接使用系统自带的檀木材质模板。

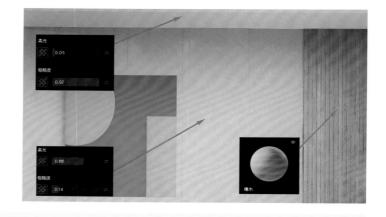

提示

墙壁上的挂画没有做任何调整，保持了导入的原有材质，因为其材质效果已经非常不错了，没有必要过多设置。这种情况十分常见，本案例中的植物模型也是使用了3ds Max的原有材质，效果很好。

步骤3 调整窗纱材质，更换模板为"布艺"，高光设为0.1，粗糙度设为1，衰减数值为2，另外将不透明度降为0.9，以减少其透光效果。

步骤4 窗户的材质选择系统模板中的"白色塑料"，模拟塑钢窗户的效果。

步骤5 接下来是茶几区域的材质调节。茶几白色区域赋予材质模板的中"花白大理石"，深色部分赋予"劳伦黑金"，以上两种材质都勾选三向映射，以符合模型的UV坐标。茶几底座木纹赋予"檀木"模板。右侧玻璃圆凳保留原有材质，设置为茶色，开启【厚度】选项，并设数值为5。桌上的各类摆设可以不用单独设置，依照原有材质样貌显示即可。

步骤6 后方雕塑赋予"黑色光泽金属"模板，参数保持默认。

步骤7 前方左侧玩具饰品和左侧沙发上的毯子材质相同，赋予"白色绒布01"材质，勾选三向映射。

步骤8 最后是地面和地毯材质，都采用原有贴图。地面材质保持不变，效果已经很好了。

地毯材质要在其法线和AO中各添加一张贴图，都要设为单独UV，并勾选三向映射，调整UV的重复效果直到满意为止。

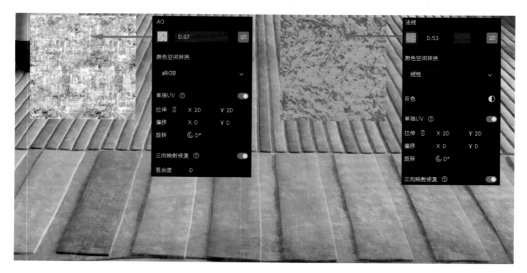

到此为止，主要材质全部调节完毕，下图是整体的效果。

4.2.4 多相机同时出图

步骤1 移动相机到沙发的左侧，注意相机的高度控制，并开启二点透视（快捷键"F8"），相机视角调整为60度，得到如下图所示的镜头。

步骤2 继续移动相机到中间茶几位置，开启相机景深的功能，手动指定茶几上摆放的物件为焦点，增加模糊度的数值，直到后方模型模糊程度满意为止。

步骤3 相机调整完毕，开始出图。切换镜头到第一个场景，点击 ⑨【添加到渲染列队】按钮，设置出图比例为"屏幕"，大小为2000×1000。按照同样的方法，将场景2和场景3设置完毕，如下图所示。

步骤 4 点击软件右上角的 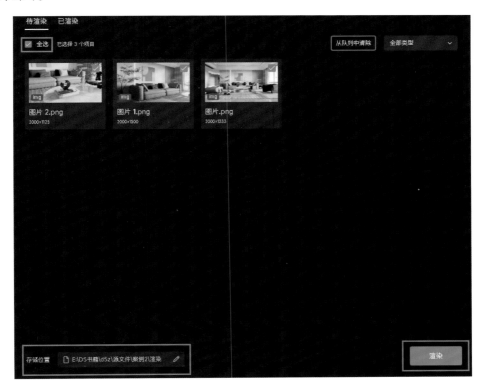【渲染列队】按钮，点击全选，指定要输出的路径，点击渲染，等待渲染完毕即可。

提示

　　渲染图片的时候随时可以取消渲染，另外渲染的时候每张图片都会有剩余时间的提示，渲染的时间与计算机配置有关。

三张图片最终的局部效果如下图所示。

第5章

室内设计公装空间的渲染

本案例是一个SU建模的面积较大的工装空间的渲染。对于大空间来说，对于灯光的要求会更高，相反由于场景太大，反而材质的细节可以稍作忽略。本案例渲染的前后对比如下图所示。

5.1.1 灯光的添加和调整

步骤1 对于大场景，建议可以先将场景关联到D5Render中，在同步的情况下，一边在SU中布置灯光一边观察D5Render中的即时效果。

点击 🅿️ 关联按钮，等待场景进入D5Render中。

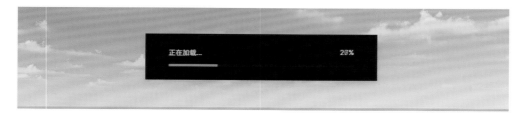

步骤2 导入场景后的模型在相机的匹配上会有些不一致，所以要先将相机移入室内，然后略微做仰角处理，按键盘的"F8"键，开启两点透视，添加一个场景，注意要随时更新相机。

此场景的相机依然是关闭自动曝光，视角调整到82度左右，既能保证曝光不会过强，还能有更大的视野来观察整体场景。

步骤3 此场景继续采用无阳光直射效果的照明方式，所以需要将环境中的太阳角度调整到地平线以下。

步骤4 为场景添加室外的补光照明，将场景中的自发光照明的材质调整好，包括室外的背景图像、室内的吊灯，以及屋顶的照明灯。左边两图分别是背景图像和吊灯的参数设置。屋顶照明按照同样的方法设置，发光强度为1即可（下图）。

步骤5 回到SU软件中，创建一个面光源，照射方向朝向内部；使用缩放工具，将其调整到窗户大小，保证更大的照射面积。

步骤6 为中间的会谈区域添加聚光灯。

步骤7 在左侧会谈区添加聚光灯，注意高度与位置。

提示

　　为了更加方便快捷，中间的会谈区采用进入组件内部为所有灯具模型添加灯光的方法；而左侧的区域选择单个灯具模型添加灯光，是为了避免左边的家具曝光过度。配合键盘的"Alt"键，点击想要选中的灯光模型，即可快速选择组件内的单个灯具模型。

切换到D5Render中，光线的位置以及效果如下图所示。

基本的灯光位置已经确定好，接下来要对这些灯光进行参数调整。

步骤 8 选择室外的面光源，调整亮度为10，衰减半径设置为1500，以获得最大的照明区域，取消反射可见性属性，色温设置为偏冷色，数值为9650。

步骤 9 中间聚光灯光域网调整为本书配套资源中提供的"射灯好用.ies"文件，其他参数保持默认。

步骤 10 选择左侧的灯光群组，亮度降至60，载入"16.ies"光域网文件。

步骤 11 选择中间的面光源，调整亮度为10，色温调整为偏暖色的5150，其他保持默认数值。

步骤 12 顶部制作灯带效果，绘制一个灯带模型，照射方向朝外，镜像复制一个到另一边。

步骤 13 在左侧添加一个灯带，朝着下方照射，调整其长度。

步骤 14 后面左右两侧的置物架上也要添加灯带，作为辅助照明。其中一侧添加灯带模型。

步骤 15 选中这些灯带模型，将其复制到另一侧的相同位置。

当前效果如下图所示，会看到重点的区域都已经照亮了，但是整体的亮度依然不够。此时有的用户会想，可以直接在后期面板中将曝光参数调大一些，但是这样做会造成场景内噪点增多，尤其是在后续动画制作的过程中会非常明显。所以从质量的角度出发，单纯提升曝光度并不合适，需要继续为其增加照明。

步骤 16 在场景中创建一个点光源，位置放在中间区域，然后对其进行阵列复制，位置以及灯光的高度可以参照右图。切换到D5Render的场景中，可以看到场景终于亮起来了。

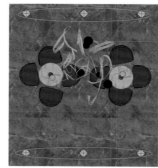 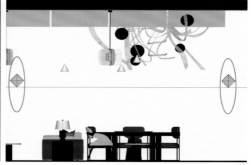

步骤 17 选中上一步设置的6个灯光，亮度参数保持不变，衰减设置到7000以上，记住一定要取消反射可见性属性。

提示

使用灯光阵列的方式是常用的增加照明的方式，由于参与光照的灯光较多，光照效果会得到较大的提升，光线也会比较细腻。但是这样的照明很容易形成较多的阴影。右图是最终渲染后的顶部效果，可以看到很多清晰的阴影。

如果用户可以接受，这样当然没有什么问题，如果不能接受，则可以使用接下来的方法实现没有多余阴影的效果。

步骤 18 在现有的镜头后面创建一个可以覆盖整个场景的面光源，如右上图所示，将其亮度数值设为5，衰减距离设为1500，取消反射可见性的勾选，最终效果如右下图所示。

以上两种方法各有优势和问题：第一种使用点光源阵列进行布光，明暗层次鲜明，但是照射的时候会产生多余的阴影；第二种使用面光源，解决照明的同时减少多余的阴影产生，但是由于光线太单一，渲染的图像会偏灰。用户需要酌情选择。

步骤 19 将后方两侧置物架的灯带的色温调整为2500，其他参数保持默认。将上方灯带的所有衰减距离加大，大到得到正常的发光效果为止。

步骤 20 镜头对准后方中间的置物架，为其添加灯带，此处灯带较多，用户需要耐心操作。灯带添加完毕后，将它们合并成一个群组，设置亮度为5，衰减半径为1000，色温为4650，效果如下图所示。

步骤 21 在场景后方的左右两侧继续添加面光源作为补光灯。这里要注意，左侧模拟的是室内走廊的灯光，所以亮度设为数值较小的5，色温较暖；而右侧为室外补光，所以亮度设置为10，颜色偏冷，如下图所示。

步骤 22 为墙壁上的装饰灯添加灯光效果，选用的是点光源，将其放置在壁灯的内侧，并设置亮度为1，衰减半径400，光源半径3.2，色温3300。

到此为止，灯光效果就基本完成了。对于大场景来说，灯光的制作思路与小场景无异，只是在数量上要增加很多，总之要依照用户需要的光照效果来制定相应的灯光布置方案。

5.1.2 材质的调整

步骤 1 镜头定位到中间接待区域，这里主要有3种材质。桌子的岩板材质只要增加高光数值即可；沙发的布料区域采用系统材质"蓝绿色绒布"，并调整颜色；沙发的扶手只需要提升高光数值即可，具体参数如下图所示。

步骤 2 地板调整为非常弱的模糊反射效果。

步骤 3 地毯材质要将贴图复制到法线通道中。

步骤4 左右两侧的接待区域材质完全相同，只需要调整一侧即可。材质比较集中，可以结合系统材质快速地调节完成，所有参数如右图所示。

步骤5 场景中绝大多数区域的饰面板都可以赋予材质模板中的"樱桃木03"，根据情况调整其UV坐标即可。绝大多数的金属都可以赋予"黄铜"材质模板，参考右图效果。

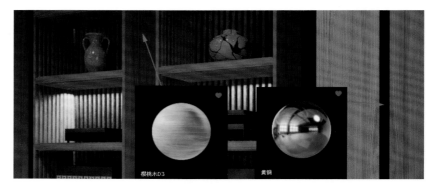

步骤6 顶部的装饰包含两种材质，曲线部分赋予"普通浅色塑料"材质，球体赋予"喷砂镜面不锈钢"材质，所有参数保持默认。

步骤7 场景中有很多小物件，因为不会对画面造成非常大的影响，可以只对其材质进行简单的调整，效果如右图所示。

5.1.3 添加模型

步骤1 添加一个桌面的植物造景模型，如下图所示。

步骤2 在相机后面添加一个弧面，以防止反射物体反射出室外黑色的场景。

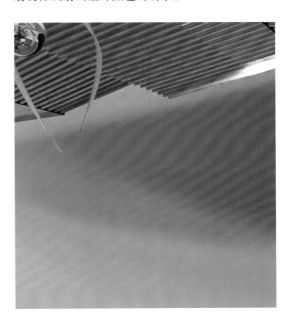

有些模型是PRO用户专用的，普通用户打开的时候会出现水印（下左图），可以使用本地素材进行代替（下右图）。

5.1.4 渲染出图与后期处理

步骤1 前期工作完成后，点击渲染按钮，简单设定后开始渲染。

等待若干时间，成品就渲染完成了。

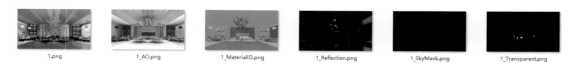

步骤2 用Photoshop打开图像，按照以下顺序排列图层。

步骤3 将AO图层的混合模式设置为"正片叠底"，不透明度调整为20；反射层混合模式设置为"滤色"，不透明度调整为20，效果如下图所示。

步骤4 可以看到画面的对比关系以及细节增强了很多，但地板的颜色显得有点暗。只需要选中材质ID图层，使用【魔棒】工具在地面位置点击，即可选中地面区域，再次点击原始图像所在的图层，执行键盘"Ctrl"+"J"命令，将地面单独复制到一个图层，在复制的地板图层执行"Ctrl"+"L"命令调出色调面板，稍作调整，提升其亮度。

新建曲线调整图层，拉动曲线，增强整体图像的对比度，参数如下图所示。最终的效果图见112页。

从这个案例中，我们可以感受到大场景灯光设置的重要性，学习如何进行有效的灯光布置。最重要的知识点是灯光阵列和面光源的照明方式可以通用，用户可以举一反三。

5.2 全封闭酒吧渲染

本案例对3ds Max制作的建模进行渲染，模型效果如下图所示。

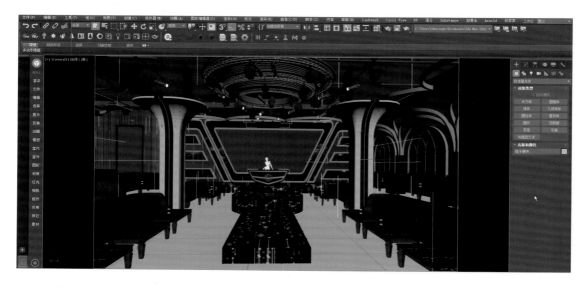

对应的渲染效果如下图所示。可以看到光线的整体效果和质感都非常不错，使用我们前面讲过的知识，再加上一点新的技巧便可以实现这样的效果。

5.2.1 模型优化

　　高品质的模型一般来说体量都会很大，对于计算机配置不是很高的用户来说会造成一定的困扰，所以首先要对部分面数较多的模型进行优化。选择沙发模型，按键盘的"Alt"＋"Q"执行独立显示，在修改面板中执行【专业优化】命令，按照如下图所示的参数进行设置，对模型进行减面优化。

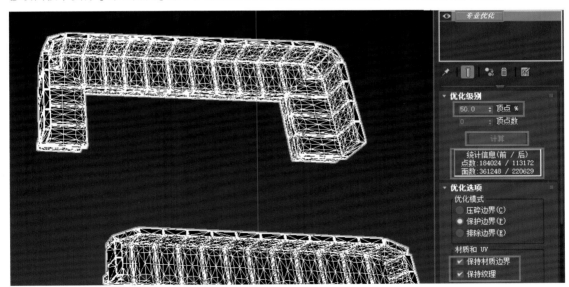

　　按照以上步骤对需要处理的模型进行面的优化处理。

> **提示**
>
> 　　执行专业优化的时候注意一定要先勾选【保持材质边界】和【保持纹理】选项，然后单击计算。第二步才是输入最上方的【优化级别】的数值，需要注意，不是所有模型都输入50，只要不会影响模型的最终形态和出图的质量，可以根据需求进行数值的调整。

VRay材质是一套闭环体系，有自己独特的系统属性，导出到第三方渲染引擎时，难免会有兼容性问题。建议用户在导出之前，最好将材质转换为VRay的标准材质，即只有自身属性和基本位图贴图的样式，这样D5Render才能最大限度地兼容。

可以借助3ds Max的插件来一键实现从3ds Max的材质转化为VRay的材质。只要点击一下插件中的【优化材质】，便可以将除了漫反射和透明通道中的其他贴图属性全部删除，这样的材质才更符合D5Render的要求。当然，如果条件允许，用户在建模阶段只需将模型的不同材质用颜色进行划分，然后到D5Render中进行贴图的赋予以及材质属性的调整，也是一种很好的方法。

3ds Max的操作对于很多基础用户来说会有点困难，本案例已经做好了一个可以直接导入D5Render的源文件"酒吧—未调整.drs"，大家可直接打开，在D5Render中进行相应的后续操作。

5.2.2 布置灯光

将模型导入D5Render中以后的效果如下图所示，部分自发光材质已经提前设置好，这些自发光材质保持默认不变。

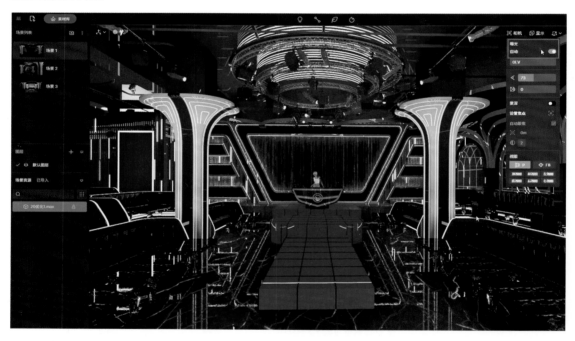

本案例会使用自动曝光命令，从图像的效果看还是很不错的。使用自动曝光对于曝光不足的大场景来说可以起到非常好的效果，但是要特别注意的是，这样做会加强噪点，所以在照明上依然要遵循场景要最大限度被灯光照亮的原则。

步骤1 创建一个聚光灯，放置在左侧后方沙发的位置，将光域网文件设置为"14.ies"，亮度保持默认，锥度设为55度，如右图所示。

步骤2 复制这个灯光到左边所有桌子对应的位置，总共复制6盏灯。利用左侧的灯光列表，配合"Shift"键全部选中，执行"Ctrl"+"G"键，将这些灯光合并为一个群组，方便后续进行统一的编辑操作。

步骤3 将左侧的灯光组直接复制到右边的区域，这样就快速完成了左右两侧的灯光布置。

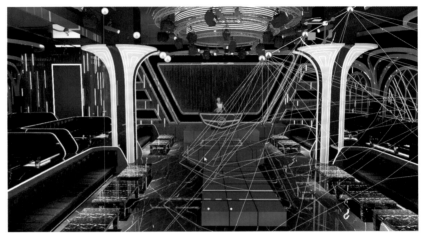

设置好灯光的位置后，可以对灯光的角度稍作调整，让光线尽量倾斜照射到沙发模型上。这样做的好处是既可以远离立柱，避免多余的阴影，模型本身的阴影也会显得层次更为丰富和细腻。另外将右侧灯光强度降低到120，这样两侧灯光会产生区别，更有多样性。

步骤4 镜头定位到左侧后方第二排沙发区域，创建一个面光源，对其进行简单缩放，并将亮度暂时设为5，这样做是为了方便观察，后续灯光布置完毕后，亮度会有所调整。

提示

从上图可以发现，面光源产生的阴影边缘更为柔和，且照射的面积也可以根据需求任意调整，可以大大提升灯光布置的效率。

步骤5 复制面光源到左侧前排沙发的上方，并且根据沙发的大小适当调整面光源的大小，位置确定后，执行成组命令，将它们打包成一个群组。下右图是将这组面光源亮度降低到1以后的效果。

步骤6 接下来对右侧最后排的沙发区域进行灯光布置，这里需要斟酌下是用面光源还是用光域网灯光进行布光。将刚才制作的面光源复制到这个区域，效果如下图所示。在离墙壁较近的地方会有明显的灯光痕迹。

因此选择将右侧的聚光灯组（光域网灯光）复制到这个区域，并对其稍作倾斜处理，这样既能保证光照也能避免产生生硬的痕迹。

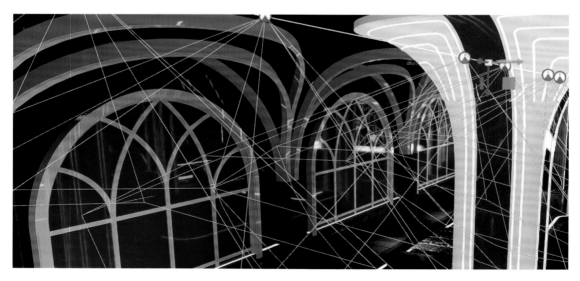

同理，复制左侧的聚光灯组到最后方的区域。

　　如果觉得场景太亮，可以将左侧的聚光灯组亮度降低到120，左侧的面光源组亮度降低到0.5，得到的效果如下图所示。

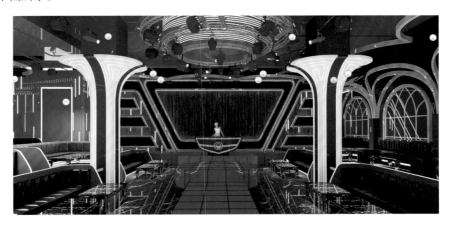

　　接下来创建舞台灯光。这里要注意，舞台灯光只供PRO用户使用，如果不是PRO用户，这个步骤可以到后期去操作。

步骤 8 使用舞台灯前，先要开启雾特效，并选中丁达尔效应，参数如下图所示。

步骤 9 创建一个舞台灯光，放置在对应的舞台灯模型的位置，稍等片刻，便可以看到舞台灯的效果。这里要将舞台灯光的贴图更改为自定义的羽化边缘贴图。

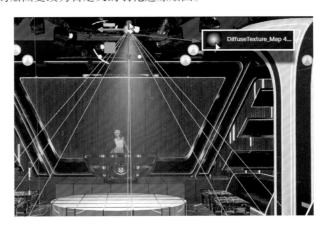

步骤 10 调整其颜色为红色，摆放至合适位置，并调整角度，让光线照射到中间圆形舞台上。

步骤 11 镜头切换至顶视图（"T"键），然后将显示效果设定为线框显示。对灯光进行复制，一边复制一边进行照射方向的调整，间隔选中灯光，调整成冷色。

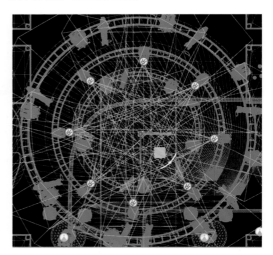

将这几个灯光打包成一个群组，并命名为"氛围灯"，至此完成舞台灯光的布置。

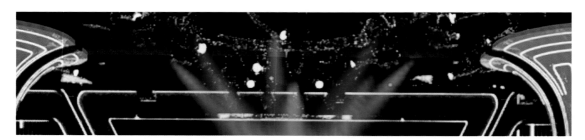

5.2.3 材质的调整

本案例的第一个场景灯光布置完毕后，可以先对部分材质进行调节。这样做的好处是可以及时进行出图，而且很多材质本身是通用的，其他场景再次制作的时候就不用重复调整了。

步骤 1 在这个场景中，沙发材质采用默认的参数会显得反射过于强烈，要适当降低其反射参数；立柱玻璃的反射效果颜色过于鲜亮，可以压低其漫反射的颜色亮度；中间舞台部分对漫反射和自发光通道添加相同的贴图，并将其自发光亮度设置为0.1。

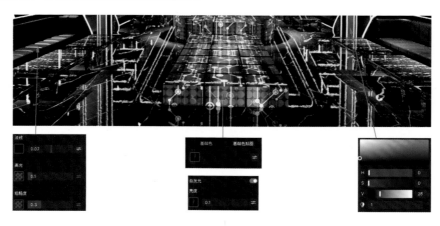

步骤 2 舞台顶部的各种金属支架赋予软件自带的"蓝黑色金属"和"镜面紫铜",即可得到不错的效果。

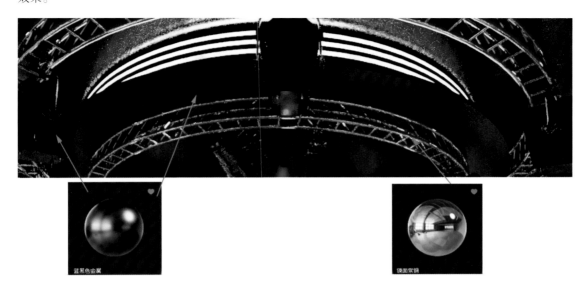

步骤 3 场景后方的背景面板在导出模型的时候丢失了,只需要将贴图找回,适当调整其 UV 坐标,即可完成。

步骤 4 场景中的所有玻璃全部赋予系统自带的"普通玻璃"材质。虽然场景很大,但是材质比较集中,所以调整起来很简单。

5.2.4 添加物件

场景整体看来比较空旷而且单调,可以通过物件的添加来丰富场景。

步骤1 点击导入按钮，将本书配套资源提供的"椅子.skp"模型导入软件中，然后点击列表中"已导入"模型，将椅子模型载入场景，并为其座面赋予"蓝黑色磨砂皮"材质。

提示

导入的SU模型基本上都需要单独调整材质才能达到最佳的视觉状态。

步骤2 添加一个系统自带的桌子模型，将椅子复制成4个放在桌子周围，桌面任意摆放装饰品。

步骤3 在这组家具区域上方添加一个聚光灯，光域网采用"14.ies"文件，亮度设置为40。

步骤4 将刚才添加的所有元素，包括灯光模型在内，打包成一个群组，然后将这个群组进行复制，得到下图所示的效果。

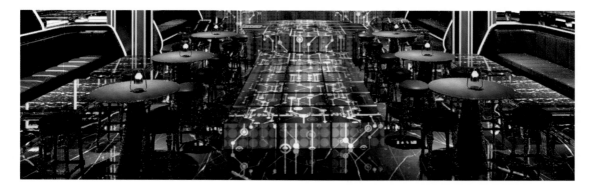

步骤 5 丰富桌面上的摆设。添加物件是个需要反复尝试的过程，要有耐心，尽量要让物件的摆放显得较为随机，每张桌子上的物件不要太过重复。

5.2.5 其他相机设置

镜头定位到后方的吧台位置，此处需要继续添加灯光照明以及相应物件。

步骤 1 吧台正上方放置一个朝下方照射的面光源，亮度设置为10，颜色设置为冷色。

步骤 2 用已经设置好的聚光灯照射前方的沙发区域。

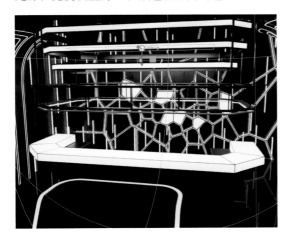

步骤 3 使用软件提供的各类酒水素材，在吧台上方的架子摆放各类物件，这也是一个比较烦琐的过程，需要耐心地布置。

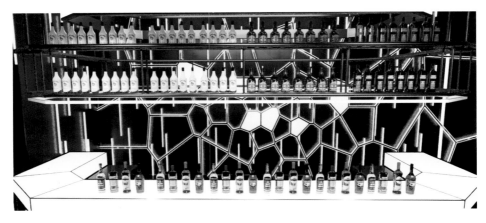

步骤 4 设定好相机，观察其效果。

步骤 5 可以发现此时的"氛围灯"有点影响视觉效果，可以直接隐藏"氛围灯"群组，更新一下相机，即可得到最终效果。

步骤 6 由于模型场景较为完整，我们可以多出几个镜头的图像，继续建立一个相机，如下图所示。从这个角度来看，整个场景效果很好，不需要再继续调整，所以直接保存相机即可。

步骤 7 本案例可以输出一个全景角度的视图，以下是对全景镜头的设置。镜头放置在场景中央，将其相机属性中的视角大小调整为60，注意视角不要调得太大，否则会出现非常严重的镜头变形。

到此为止，所有的相机已经全部创建完毕，接下来开始进入出图的阶段。

5.2.6 渲染出图

本案例我们要实践一下D5Render超强的出图功能，单击渲染按钮，选择16K尺寸，如下图所示。

同样，快速设置全景图的出图参数，如下图所示。

16K的图像出图时间会比较长，例如第一张图片渲染耗费了大概50分钟，渲染的png格式的图像大小达到了249MB。

提示

用户可以使用专业的看图软件，将图片放大到100%的尺寸进行观察，可以发现细节非常细腻。

渲染出来的全景图可以放到类似720云平台上进行展示，当然，也可以借助一些工具进行本地浏览，如果SU中安装了最新版本的VRay 6.0插件，也可以使用VRay自带的帧缓存面板来观察效果。

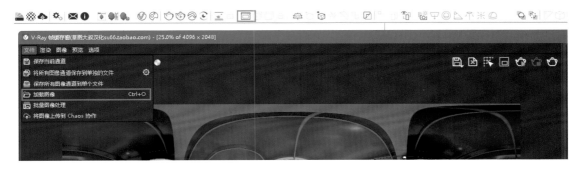

打开后，在【预览】菜单中选择【全景视图】，然后按住鼠标中键，即可从任意角度观察其效果。

至此，本案例全部结束了，大家可以配合本书配套的视频教程进行练习。

第6章

室外空间的渲染

本章节以两个室外案例为范本，为用户讲解D5Render在室外模型渲染的流程和技巧。在D5Render刚诞生的时候，主要是面向室外用户的，后续才逐步完善室内渲染的功能。所以对于室外模型的渲染来说，D5Render有着得天独厚的优势。

6.1 室外建筑人视角渲染

6.1.1 模型的优化和导出

步骤1 打开本书配套资源提供的SU模型"室外商业街.skp"，如下图所示。

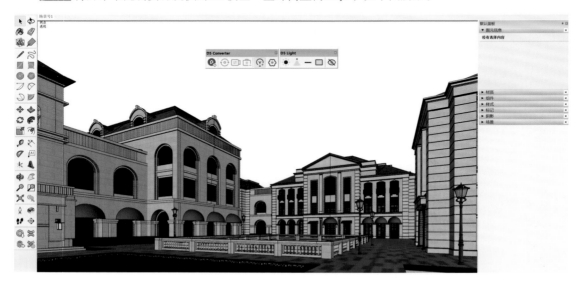

步骤2 使用清理插件清理场景中的垃圾信息。单击 🗑 【清理】按钮，默认状态下，点击下拉菜单最下面的"清理"按钮，将模型中所有多余的线面进行删除。

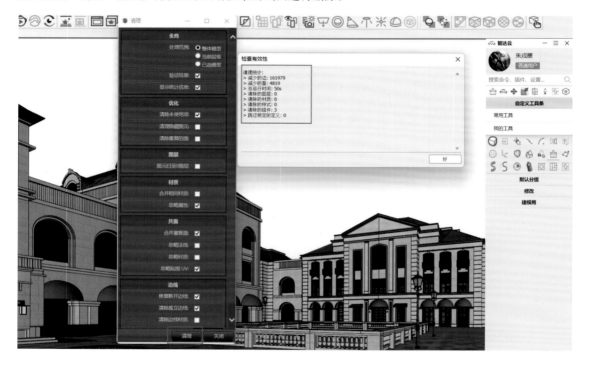

步骤 3 紧接着还需要检查弧面的情况，这是很多用户容易忽略的，SU 弧面必须要优化完以后才能导入到 D5Render 软件中，否则在 D5Render 软件中会以有棱角的方式出现。

提示

这里需要提醒读者，正反面的优化尽量要做，但不是非做不可，因为 D5Render 对于正反面的问题没有那么敏感，即使是反面也可以正确识别。

步骤 4 单击 D5 Converter 插件面板上的 **⊙**【链接到 D5 渲染器】按钮，按照提示进行设置。

步骤5 此时还是会遇到老问题，即SU相机与D5Render的相机不匹配。点击SU中的 【联动视角】按钮，取消两个软件之间的关联。回到D5Render中，将相机的模式切换为【漫游】，速度改为2，然后将镜头前移，并且视角向上倾斜，如下图所示。

步骤6 按键盘的"F8"键，执行两点透视，矫正当前镜头，点击创建新场景命令，并点击更新命令。

6.1.2 环境光设置

在室内案例的渲染中，一般都只使用人工光源，不使用环境光。但室外模型对于环境光的依赖程度非常高，需要先关掉【自动曝光】，再对环境光进行细致的设置。

环境面板中切换至【HDRI】，使用【正午】贴图作为新的环境，参数设置和调整好后的效果如下图所示。

对参数的调整需要解决三个问题：①调用HDRI图像，使得场景的环境更加真实；②控制天光和太阳光线的亮度以及冷暖程度（自然光环境下，天光多偏冷色，太阳光偏暖色），使光照更接近真实；③单独设置太阳的高度和角度，使主光源的照射角度符合需要。看上去是几个简单的数值，实际上要反复测试很多次，才能达到最好的效果。

另外，先不对场景中室内的灯光进行布置，根据后续添加的素材来决定怎么布光。

6.1.3 材质的调整

步骤1 首先是最重要的玻璃材质的调整，为其赋予素材库中的"普通玻璃"。

步骤2 楼体材质。使用软件自带的贴图，点击楼体任意模型区域，对现有的贴图调节属性。楼体材质比较粗糙，没有什么反射，所以要降低高光数值，增加粗糙度和法线数值。

步骤3 金属窗框材质。金属的特点是有较为强烈的反射属性，本案例的窗框有着比较粗糙的表面，另外要激活圆角参数，参考右图调整材质参数。

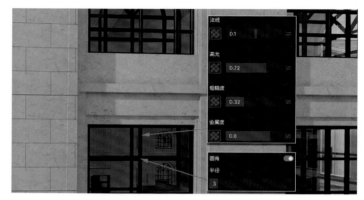

步骤4 水面材质。赋予素材库提供的"深蓝色池水"模板，调整UV值，直到满意为止。控制水波的大小，调整法线的数值控制水波起伏的程度，水的深度也要适当地调整。

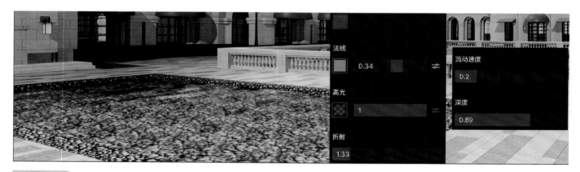

提示

模型的水和下面的石材离得非常近，所以在设置后并没有产生较深的水深效果。水深效果必须是在两个面有一定的距离的时候才能得到较好的显现。

步骤5 路灯金属材质。赋予其软件自带的"亚光黑铁02"（软件中为"哑光黑铁02"）材质，由于材质带有贴图，打开参数中的【三项映射】选项，其他参数保持默认即可。

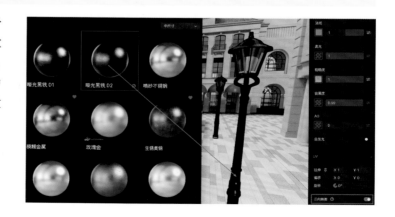

步骤6 地面材质。此模型的地面材质很粗糙，反射属性很小，目前的地面贴图颜色过于明亮，所以除了要对高光和粗糙度两个属性进行调整之外，还要点击面板最上方的基础色选项，对地面进行加深颜色的处理。

步骤7 材质修复。将镜头移动到左侧楼体处，会看到底部的石材颜色过黑，几乎看不到材质的细节，这是因为贴图本身的颜色太深造成的，所以需要适当地提升贴图的亮度。

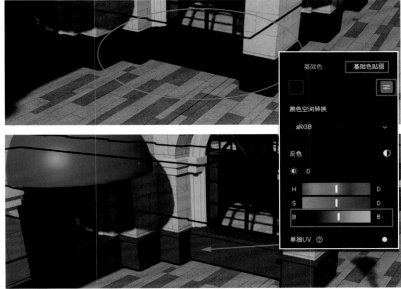

至此，主要材质调节完毕，可以单击相机列表中的"场景1"，回到相机视图状态，观察图像的整体效果。

6.1.4 室内场景布置

在前面的章节中我们讲过"视察橱窗"素材，本案例就可以使用这种素材来进行场景的丰富。

步骤1 将一个"视察橱窗"素材调用到场景中，根据需要调整亮度，如下图所示。

步骤2 直接复制这个平面到其他窗口，明暗可以有所不同，这样变化会比较多样。

步骤3 继续选择其他的"视察橱窗"素材对一层窗户进行布置，一层主要是纯商业橱窗。

步骤4 使用办公类的"视察橱窗"素材对二层窗户进行布置，如下图所示。

平面素材在复制之前要做好自身亮度以及发光度的调节，一般情况下可将其自身亮度降低至3以下，发光度浅色的调整为0.1，深色的0.8左右即可。另外三楼以上一般不放置橱窗，这也是符合实际情况的。

6.1.5 添加配景

结束材质、灯光调整后，整个场景略显空旷，所以接下来要为其添加相应的配景。

步骤1 为地面添加树木。调出素材库面板，将类型切换至【模型】选项，选择相应的树木，并将其放置到场景的相应位置。

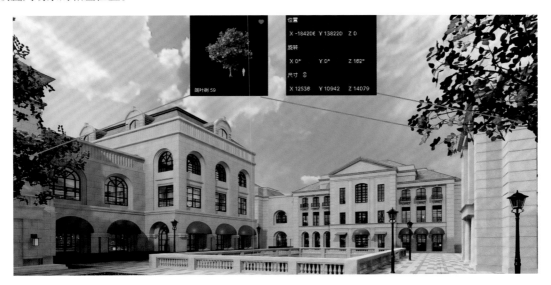

在相机角度下，没有控制手柄可以直接操作，选中对象后，利用右侧【位置】和【尺寸】选项对物件进行调整。

步骤2 按住"Shift"键将左侧树木复制到后方，并适当进行缩放，使得树木模型比例符合建筑比例，并旋转角度，这样可以让复制的树木有一定的随机性，会更加自然一些。

步骤3 用同样的方法，选择合适的树木模型放置在负一层（下沉庭院），树木的数量和高度可以按自己的喜好设置。

步骤4 在两侧草地添加绿篱植物，如下图所示。

步骤5 如右图，此时整个场景还是太空旷，下面继续添加更多的配景。

提 示

　　室外建筑要想获得较好的渲染效果，要设置好完善的周边环境，这样，建筑玻璃上的反射效果才能达到最好，因此可以用更多的配景填充空旷的场地，配景的选择可以根据场景和个人喜好来定，既可以是建筑，也可以是植物。

步骤6 为场景添加人物模型。在 D5 Render 的素材库中找到人物模型，直接拖入场景中，人物形态尽量多样，男女各异为好，并且远近都要有分布。当然，用户也可以借助路径工具，对人物进行整体操作。

步骤7 为部分地面添加贴花素材，让地面内容更丰富。

步骤8 导入本地的"桌子.skp"模型，放置到水台一边。由于模型的材质效果并不是太好，可以使用素材库简单地重新赋予材质。

步骤9 再次点击导入按钮，将本书配套资源中提供的雕塑素材"天鹅喷水雕塑模型.skp"导入场景中，并赋予石材材质，适当调整UV坐标。调整完成后再复制出一个。

步骤10 在素材库面板中找到【粒子】效果，选中"落水03"，放置到天鹅雕塑的嘴部，调整其详细参数，然后进行复制，放到另一只天鹅嘴部，完成雕塑喷水的效果。

> **提示**
>
> 添加粒子特效后，静止效果状态下是看不到动态粒子的，用户可以开启动态效果，看到实际效果后，再关闭动态效果，以节省系统资源。

最终的模型效果如下图所示。

6.1.6 渲染出图

步骤1 所有模型调整完毕后，设置出图的比例以及最后尺寸，点击渲染命令，直接出图即可。如果感觉整体曝光效果不是太好，可以在后期面板中调节部分参数。

D5_图片_20221208_094852.png

D5_图片_20221208_094852_AO.png

D5_图片
_20221208_094852_MaterialID.png

D5_图片
_20221208_094852_Reflection.png

D5_图片
_20221208_094852_SkyMask.png

D5_图片
_20221208_094852_Transparent.pn
g

步骤 2 用Photoshop打开图像，并对其图层进行排序，如下图所示。

步骤 3 调整AO通道的混合模式为"正片叠底"，不透明度设为30；反射通道混合模式设为"滤色"，不透明度设为20，得到如下图所示效果。

步骤 4 选择透明通道图层，使用魔术棒工具，选择玻璃的区域，然后将图像中的玻璃复制到新的图层，使用色阶命令对其亮度进行调整。

步骤5 最后在所有图层之上添加曲线调整层，调整其参数，得到最终效果。

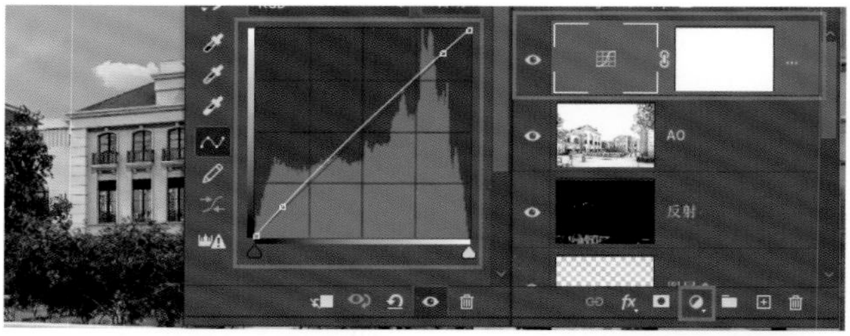

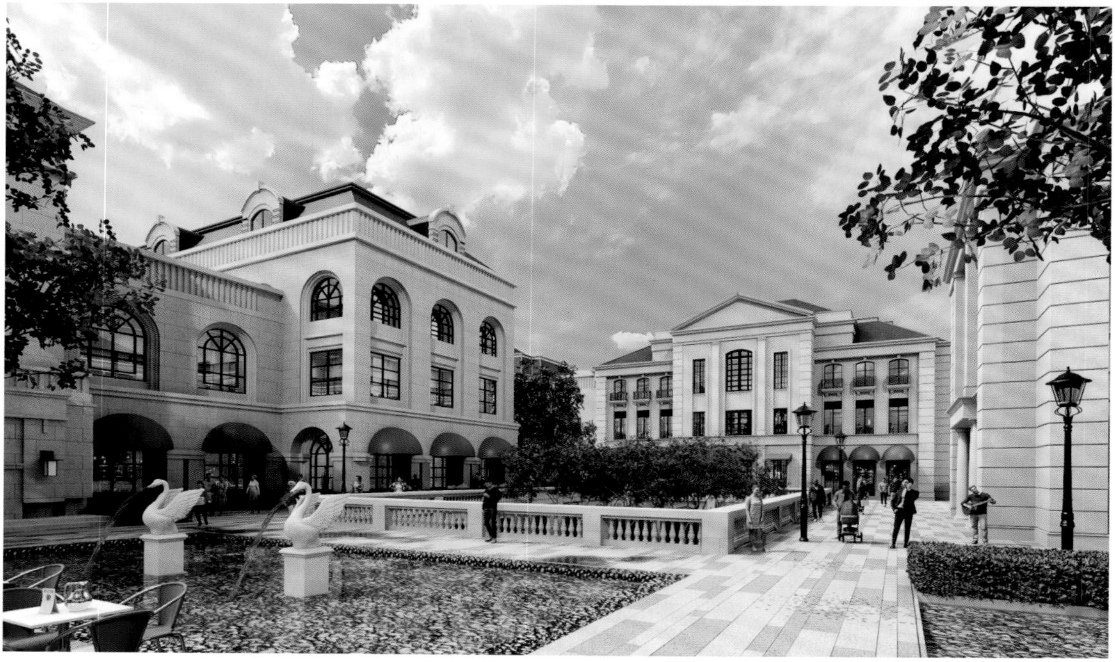

6.2 大型鸟瞰图渲染

6.2.1 模型导出以及自然光照设置

步骤1 打开本书配套资源中提供的SU模型“大型鸟瞰图制作.skp”，如下图所示。

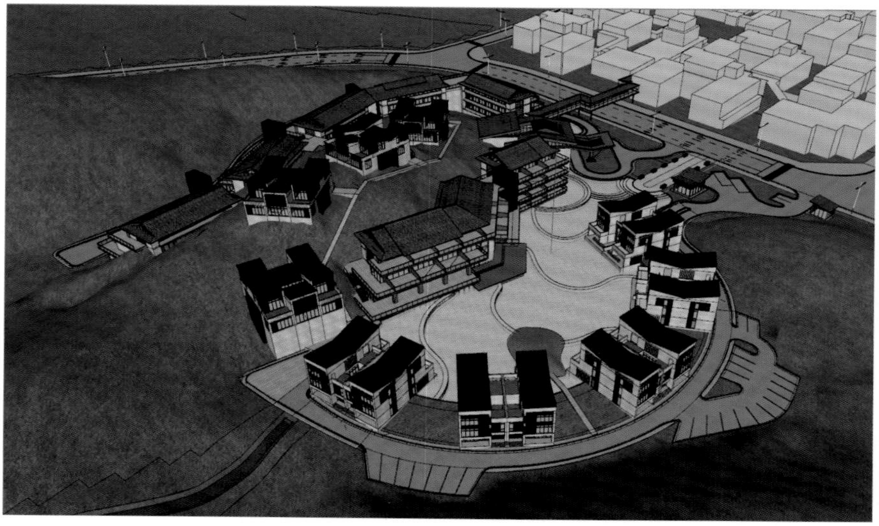

步骤2 模型已经执行相应的优化，不需要做任何操作，即可直接导入D5Render中。

在D5Render中，适当调整相机的角度，然后建立一个新的场景，注意一定要关闭自动曝光。

步骤3 模型导入后，可以看到问题还是很明显的。先将草地的反光效果去除，即将高光参数设为0，法线参数设置为1，以符合实际效果。然后需要多次调整其他参数直到满意。草地属性调整后的效果如右图所示。

提示

这里要说明一下为什么不用系统自带的草地材质模板，因为这个场景有着很大的延伸地表，如果使用草地模板，需要消耗大量的系统资源，甚至单单是生成草地的效果就会花费大量时间，而且这个过程极容易造成系统"死机"。所以对于大场景中大面积的某种材质，除非计算机配置超强，否则尽量不要使用系统自带的材质模板。

接下来设置室外环境光，如下图所示。

这样第一个相机镜头的外部环境效果就基本定义好了，接下来就是调整其材质了。

6.2.2 材质的调整

步骤1 别墅材质调整。从外观来看，别墅只需要调整墙面、屋顶以及窗户效果就可以了。这里要注意，玻璃材质要激活【厚度】参数。参数调整如下图所示。

步骤2 镜头移动到中间的主楼，调整屋顶瓦片和木纹结构的材质。

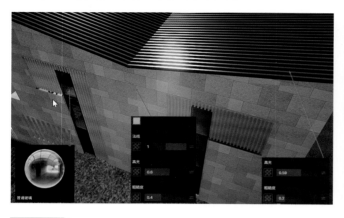

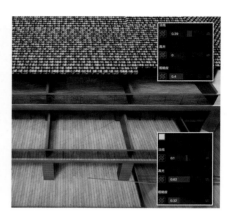

> **提示**
>
> 此案例中很多材质贴图导入后会有偏亮的问题，可采用在基础色中将原有颜色往暗处调整的办法来降低贴图过亮的问题，这样做不会影响整体的曝光效果。

步骤3 水池材质。赋予模型水的材质模板，调整其法线数值为0，让水面展现出平静的效果。深度设为0.18，这样水会变得清澈见底，下面的池底也能一览无余。

步骤4 远处小广场的地面赋予软件自带的室外地面材质。注意，要随时调整其UV坐标的复制数量，或者直接设为三向映射，然后再自行调整复制的数量。

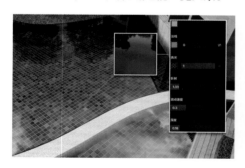

步骤5 部分建筑的墙面没有对应的材质，可以直接赋予水泥模板。另外，一部分木纹的纹理不是很理想，可更换为乌金木材质模板。

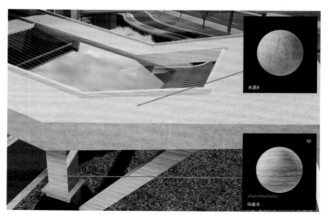

步骤 6 接下来调整马路的沥青材质和右上角辅助建筑的墙面材质。前者赋予素材库中的"沥青02"，后者将材质模板切换为【树叶】模板，这样两个材质的效果便调整完毕了。

6.2.3 使用笔刷进行植物的种植

步骤 1 用笔刷工具选择一两棵树木，调整其参数，然后开始进行绘制。

步骤 2 用笔刷绘制难免会遗漏一些细小的位置，以及建筑和地形过于复杂的部位都不适合使用笔刷进行绘制，可以进行手动种植，最好新建一个独立的图层进行手动种植。种植完毕后，将这些植物打包成群组，方便管理。

> **提示**
>
> 绘制的过程中如果树木和建筑模型产生了重合，可以随时按住"Alt"键，快速切换成橡皮擦工具进行擦除。在绘制的过程中可以随时调整笔刷的参数以及更改树木的种类。总之，整个过程有随机性，请读者参照本书的配套教程进行学习。

步骤 3 按照同样的方式，新建图层，为场景添加车辆以及人物模型。

步骤 4 点击场景列表中的"场景1"按钮，回到视图中，切换到后期面板，调整相机的参数，使其效果达到最佳，如右图所示。

6.2.4 其他场景的建立以及调整

步骤 1 点击添加场景按钮，将刚才的"场景1"直接复制过来作为"场景2"，将【天空亮度】提升为0.5，【太阳亮度】降低到0.1；开启雾特效，激活【丁达尔效应】，具体参数和效果如见右图所示。

步骤 2 切换到后期面板，调整参数，阴天效果的场景2便制作完毕了。

步骤3 切换角度，按照这个思路继续制作一个阴天且有室内照明的"场景3"。

　　灯光的添加是个比较烦琐的过程，用户可以根据实际情况处理，也可以按照本书配套的视频教程进行布置。另外，场景变多了，物件管理就要更加谨慎，例如白天不需要灯光的介入，所以灯光最好设置在一个单独的图层或者群组内，方便制作过程中随时进行隐藏，并更新相机。

　　步骤4 复制"场景3"，将时间调整到晚上，根据需要适当调整后期的参数，便得到夜景效果的"场景4"，如下图所示。

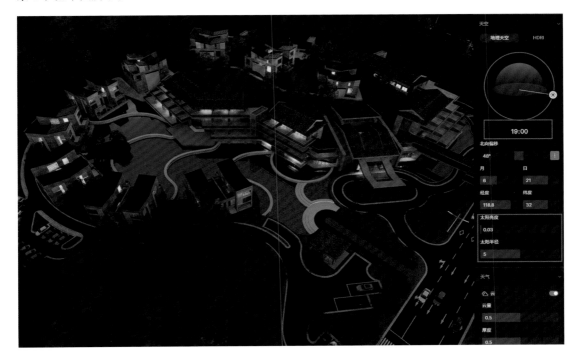

对于后期参数，用户不必拘泥于本书的调整方式，可以大胆探索更多的效果。另外就是要在众多的LUT特效中找到适合项目的颜色预设。

6.2.5 渲染出图

步骤1 渲染环节依然遵循之前的操作，快速将4个场景渲染后放入独立的文件夹中。

场景1　　　场景2　　　场景3　　　场景4

步骤2 下面以"场景1"为代表讲解后期的处理。用Photoshop打开渲染好的图像。

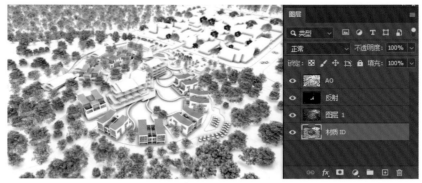

步骤3 参考151页调整各个图层的混合模式。

步骤4 新建图层，保持前景色和背景色为黑白色，执行【滤镜】—【渲染】—【云彩】命令，制作出云彩效果，然后将图层混合模式设为"滤色"，不透明度设为20，如右图所示。

步骤 5 使用套索工具在建筑部分绘制任意选区，然后执行 "Shift" + "F6" 命令，调出羽化面板，执行100像素的羽化，删除（"Del"键）选区内的元素，得到如下图所示的效果。

步骤 6 再次新建图层，将图层的混合模式设为 "柔光"，不透明度设为 "30"，选择画笔工具（B）将前景色设置为暖色，然后在建筑主体区域进行涂抹，让整个建筑与环境有更强烈的冷暖对比。

到此为止，场景1的后期效果就处理完毕了。在本书的配套资源中提供了4个场景的psd格式源文件，供大家参考。

第 7 章

用 D5Render 制作动画

7.1 D5Render动画制作的基本方法

D5Render制作的动画效果基本可以满足建筑场景类的众多展示需求，配合前面章节中讲过的abc格式的动画元件的导入（参考76页），便可以做出极为精致的电影级别的动态视频。

7.1.1 镜头关键帧动画

镜头关键帧动画是通过设置两个不同的镜头作为始末，从而形成一段动画。

步骤1 解压缩本书配套资源"【第7章】用D5Render制作动—7.1 D5Render动画制作的基本方法"中"动画演示"压缩包，得到"动画演示.drs"文件，打开后如下图所示。

案例的基本效果已经制作完毕，下面以这个场景为例对D5Render的动画制作相关工具和基本流程进行讲解。

步骤2 单击软件右上方的 ▨【视频】按钮，进入视频编辑界面。下图中的（1）区域为动画编辑最重要的时间轴区域。D5Render的动画和其他很多软件一样运用的是"补间动画"的制作原理，即确定动画起始以及结束的关键帧镜头后，中间的部分是软件为用户自动生成的。

好镜头的位置和视角，单击时间轴上的【添加相机】按钮，便得到了动画的初始关键帧镜头。接着可以将相机倒退着向后移动，再次确定合适的位置和视角，点击【添加相机】命令，便得到了一个动画片段。

两个镜头的位置和视角参数有所不同，这是生成动画效果的基础，我们可以点击时间轴上的 ▶【播放】按钮，预览动画。

步骤 4 可以继续为这个动画添加相机，例如可以将相机的镜头向右侧旋转。按照这种方式，可以添

提示

动画的镜头选择不可能一蹴而就，有时需要对镜头进行反复调整。

例如我们可以点击"相机 1"的缩略图，重新设置相机的位置和视角，然后单击"相机 1"上方的 ⟲【更新】按钮，便可以更新当前的镜头参数，如果感觉不合适，也可以直接点击 ━【删除】按钮删除某个镜头。另外在镜头之间有自动生成的动画延续时间，可以单击时间数值，手动输入一个数值，比如可以将当前动画的 6.3 秒更改为 10 秒，这样动画的播放速度也就变慢了。

加足够多的相机。具体的细节调整可以参考本书配套的视频教程。

步骤5 接着关注第二步截图中的②区域，这里列出的是对整个动画片段的属性设置参数。

【镜头缓动】控制镜头开始与结束时速度的选项，可以为不同的片段添加镜头速度控制效果：线性、渐入、渐出、渐入渐出。选择不同的方式，镜头会有细节的变化，大家可以自行观察实际效果。

【关键帧间隔】默认为自动选项，关键帧之间的镜头以 2m/s 的速度运动，过渡时间会自动计算。更改其中某段时间，整个片段的各个时间间隔将重新自动计算，以达到不同段之间速度始终保持一致的效果。如果每个片段只做最简单的镜头移动，可以自行设置间隔时间，以改变整个动画的播放速度。

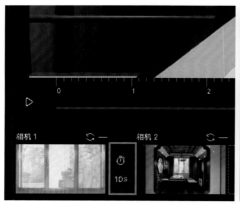
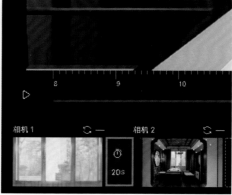

步骤6 制作完毕后，可以直接将动画加入渲染列队中，一次性渲染出来。渲染的格式和尺寸在（3）区域中设置，一般情况下选择mp4格式，至于尺寸，D5Render可以输出最大4K的视频，未来的新版本中会有更大的尺寸可以选择。

7.1.2 在镜头关键帧动画中添加效果

（1）时间变化动画

时间变化动画是在镜头关键帧动画中加入时间变化的要素。因此在镜头位置变化的同时，还要对太阳高度和角度等各类参数进行调整，当然除了这两个最常用的参数外，例如色温、雾气，甚至很多后期的参数，都可以成为影响时间变化动画的因素。

下图中的两个相机，只是改变了太阳的角度，并设置了冷暖的变化，大家便可以从动画中感受到时间变化对场景产生的影响。

提示

只要是需要更新相机才能被相机记录的参数都可以应用于时间变化动画，包括雨雪等元素的变化，在后续的室外案例中会为大家进行详细的讲解。

（2）开关灯动画

开关灯动画是在镜头关键帧动画中加入开关灯的要素。

步骤1 首先将时间轴上的控制线拖拽至开始的位置，然后选中置物架中的灯带模型，然后将【灯光开关】关闭掉，如下图所示。对灯光开光进行操作的时候，时间轴上会自动出现第一个关键帧，在右边的参数面板中，也可以看到关键帧自动从灰色变成了蓝色。

步骤3 置物架还有四个射灯组成的群组，按照以上思路，可以再次将时间线拖拽回起始位置，关闭射灯的开关，然后拖拽至4秒左右的位置，激活灯光，这样两组灯光的开关动画就建立好了。

提示

在制作动画的时候，灯光模型默认一次只能选择一个，要想统一进行操作，必须事先将这些光源打包成群组。另外，在编辑关键帧的时候，可以借助右侧 【上一关键帧/下一关键帧】按钮准确定位关键帧，如果编辑的时候出现问题，可以单击旁边的 【复原】按钮，将所有动画参数恢复到初始状态。

7.1.3 物件关键帧动画

物件关键帧动画和镜头关键帧动画设置方式基本一样，但必须先有镜头关键帧动画，才能创建相应的物件关键帧动画。打开提前准备好的室外场景，如下图所示。

步骤1 首先要在现有镜头基础上制作一个镜头关键帧动画，动画的形式可以很简单，将镜头从左侧慢慢移动至右侧，甚至可以只是单纯建立两个相机后，延长两个关键帧之间的时间。

步骤2 退出视频编辑模式，打开素材库面板，拖拽出人物和汽车的动态模型。

提示

再次提醒，一定要使用动态模型，这样做出来的动画才能正常显示。

步骤3 再次进入视频编辑模式，选择人物模型，单击右侧的 ◈【添加关键帧】按钮，记录下模型的初始状态，然后将人物模型拖拽至右侧，下方的时间轴上将时间线拖拽至8秒左右的区域，再次点击【添加关键帧】按钮，记录下当前的状态。激活【运动速率匹配】，让人物的运动符合正常速率。

步骤 4 按照同样的方法，将汽车的动画制作完毕，如下图所示。

以上是D5Render动画制作的基本方法，下面将通过两个完整的案例对动画在实际项目中的应用进行讲解。下面我们将通过室内外的具体案例进一步详细讲解D5Render动画制作的流程和方法。

7.2 室内生长动画的案例讲解

7.2.1 模型的优化与基本属性的调整

首先用SU软件打开配套资源中的"室内动画.skp"文件，这个小场景就是接下来要制作动画的范本模型。

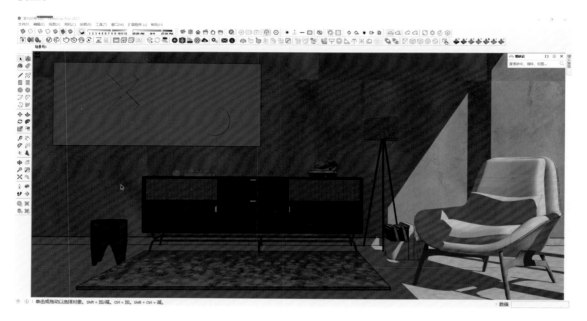

步骤1 先将所有需要制作生长动画的物件都做成单独的组件，然后选择物件，按键盘的"Ctrl"+"C"进行复制。然后在桌面双击SU的快捷方式，再次新建一个SU文件，执行【编辑】—【定位粘贴】命令，将模型原位粘贴到新场景中，接着执行【另存为】命令，将这个文件进行存储并重新命名。

提示

这样操作虽然有点麻烦，但可以保证所有的独立元素都继承原来场景中的坐标，导入D5Render场景中后便可以利用原始坐标对模型进行完全的位置复原。

步骤2 按照这个思路，将场景拆解完毕，只将空的场景作为导出模型即可。

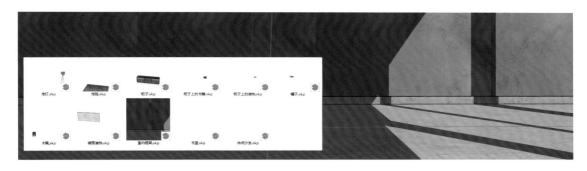

步骤3 点击 ❷【链接到D5渲染器】按钮，将空场景导入渲染器中，如下图所示。

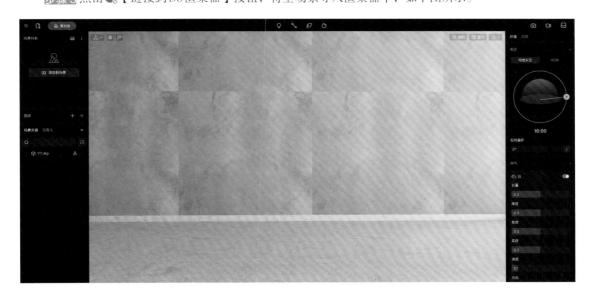

步骤 4 接下来的操作与前面章节类似，首先对基本环境参数进行简单调整，目的是建立一个场景，将相机保存下来。注意要关闭【自动曝光】属性。

步骤 5 单击 📥【导入】按钮，选择之前另存的所有模型，一次性全部导入列表中。

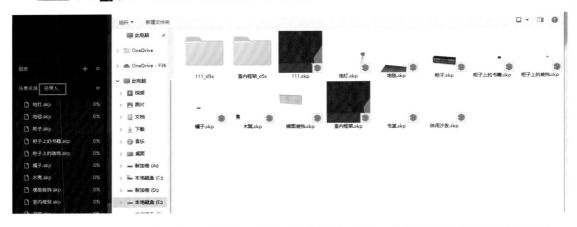

步骤 6 接下来将所有模型放置于场景中，单击列表中的模型名称，将其放置在场景任意位置即可。

步骤 7 选择所有模型，这里一定要注意，要首先选择场景对象，然后单击右侧的 ▣【对齐】按钮，使所有模型依照整个室内框架的坐标进行对齐。

至此，模型的分类导入就完成了，这样的导入方法在制作室内外生长动画的时候是很常用的。

步骤 8 接下来调整材质，首先是右边的休闲沙发的材质，只需要使用材质模板即可。

步骤 9 柜子以及地灯的材质也是比较重要的，需要细致地调整。

步骤 10 调整地毯、左侧木凳和地面的材质。

步骤 11 墙面的材质也比较容易调整。

提 示

在赋予材质的时候，由于模型都是导入的，需要借助快捷键"I"切换到吸管工具对模型进行拾取后再进行相应调整。

步骤 12 材质基本调节完毕后，接下来为场景添加光源。首先制作光照场景外的面光源模拟天光效果。

步骤 13 为地灯添加一个点光源，设置为暖色。右侧休闲沙发上方建立一个面光源作为补光。

到此为止，模型的所有基础设置就全部完成了，接下来就可以进行动画制作了。

7.2.2 动画制作

步骤 1 在第一个动画片段中，执行一个简单的镜头向前推进的动画，推进的距离一定要很小，动画的时长可以定义为11秒。

步骤2 选择右侧的沙发，将时间线向后拖拽一点，创建一个关键帧，再将时间线向后拖拽1秒左右，再创建一个关键帧。定位到第一个关键帧，将沙发移动到视线以外的位置，并改变Z轴的角度，这样便可以实现沙发转动着进入场景的动画效果。

步骤3 选择柜子，按照上一步的方式创建两个关键帧，定位到柜子的第一个关键帧，然后将柜子向上移动，直到移出场景。这里要提醒大家的是，两个物件的动画播放最好有一定的交错性，即上一个动画还没有播放完毕的时候，第二个动画就要跟进，这样镜头就会有一定的连贯性。

步骤4 接下来是柜子上的摆件，可以让它们同时下降，也可以有一定的先后顺序进行下降。

步骤5 墙面的装饰画可以制作成从墙的后方由小到大生长至前面的动画效果。地毯和地灯可以制作成从地面以下由小到大生长至地面以上的动画效果。

步骤 6 剩余的物件可以按照这个思路继续进行动画制作。这里需要强调一下，对于灯光动画，如果想让灯光在动画的最后亮起来，首先要将时间线拖拽至起始状态，将灯光关闭掉，然后在动画接近结束的时候创建一个关键帧，继续保持灯光关闭的状态，这样就能保证在这两个关键帧的动画播放过程中，灯光一直处于关闭的状态。

至此，生长动画就制作完成了。将动画片段重新命名后，直接添加到渲染列表中，以备后续统一渲染使用。

> **提示**
>
> 生长动画要根据物件的多少来判断整体动画的时长，另外整段动画开始以及结束的位置要和生长动画有一定的时间间隔，以保证让观看者观看到场景的整体效果，千万不要生长动画结束，整段的动画也刚好结束。
>
> 在这个案例中我们还为场景添加了后期效果，也可以在不同的相机中设置不同的参数进行动画的输出。

步骤 7 创建新的动画片段，并重新命名为"斜视角度"，制作两个镜头关键帧。

步骤 8 继续创建下一个动画片段，重命名为"景物1"，创建两个镜头关键帧，如下图所示。

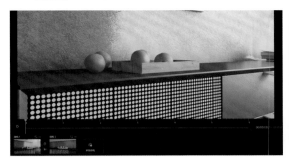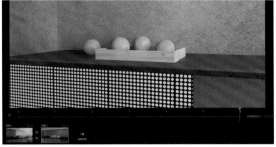

步骤 9 继续创建动画片段，使用景深功能将焦点设置为木凳，模糊度设置为10，将背景虚化，创建两个平移的镜头关键帧。

到此为止，这个室内的动画基本制作完毕，可以一次性将这些分镜头全部渲染出来。

D5_景物1_20221220_130613.mp4　　D5_景物2_20221220_125337.mp4　　D5_生长_20221220_134441.mp4　　D5_斜视角度_20221220_132328.mp4

步骤 10 分镜头创建完毕后，可以使用后期剪辑软件将它们串联到一起。关于剪辑软件，推荐一款优秀的录制加剪辑软件Camtasia 2022。打开软件，在弹出的对话框中选择【创建新场景】命令，打开一个新场景，鼠标双击【媒体箱】区域，在打开的对话框中将刚才渲染的4个视频载入列表中。

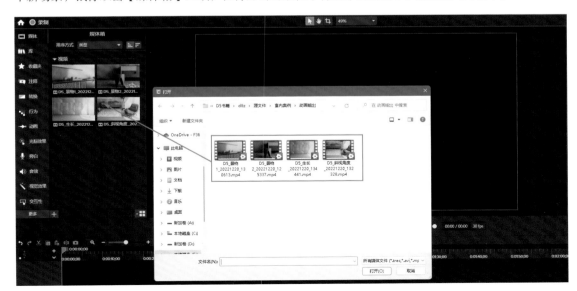

步骤 11 将导入后的视频按顺序拖拽至时间轴上，如下图所示。

步骤 12 在软件的左侧选择转换面板，在类型中切换成【淡入淡出】方式，选择【从全黑中淡出】样式并按住鼠标左键拖拽至两个视频的衔接位置，为相邻两段视频的衔接添加过场动画。D5Render 提供了很多的预置效果，用户可以自行选择，在使用前，可以将鼠标指向效果缩略图，并左右移动鼠标观看效果。

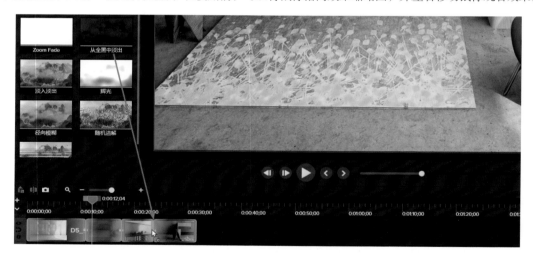

步骤 13 在左侧列表中，切换到库面板，在"Audio"声音栏中选择任意素材音乐添加到下面的时间轴。

此时会发现音乐的时长远远超过了视频，可以使用鼠标将音乐文件左右位置进行拖动，直到满意为止。

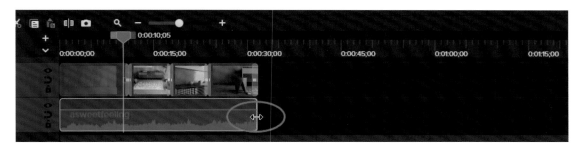

步骤 14 在左侧列表中切换至音效面板，将【淡入】和【淡出】两个效果拖拽至音乐文件，应用到音乐时间轴上。

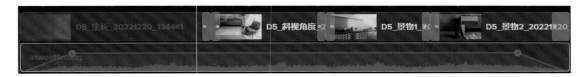

步骤 15 一段简单的动画就完成了，执行右上角的【导出】命令，选择直接导出本地文件，在弹出的对话框中做简单设置，如下图所示。

步骤 16 点击【导出】按钮后，稍等片刻，完整的视频就导出成功了。到此为止，一个完整的室内动画也制作完毕了。

在制作室外建筑动画的时候，除了基本的漫游动画外，也会涉及生长动画，这种动画的制作在结构上会有一定的规律，并不会像室内动画一样随机性较大。

7.3.1 模型的存储、导入、优化

本案例是一个传统民居风格的建筑，本书的配套资源提供了MAX和SU两套源文件，大家可以自行选择进行后续动画的制作。

步骤 1 下面以SU源文件为例，按照上一节的方法（见169页），将模型按照一定的建造规律打散，并分门别类地进行保存。

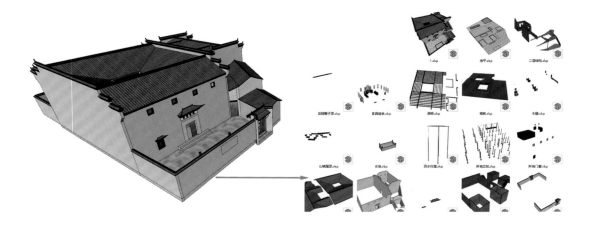

> **提示**
>
> 如果用户选择的是MAX格式的文档，需要逐个导出。首先选择需要导出的组件，这里要注意导出的逻辑，要将相关联的模型作为一个整体进行导出，例如可以按照材质分类进行导出。然后执行D5Render插件中的 ■【导出d5a】命令，在弹出的对话框中选择【仅导出选择物体】，设置如下图所示。重复以上步骤，直到将所有的组件全部导出。

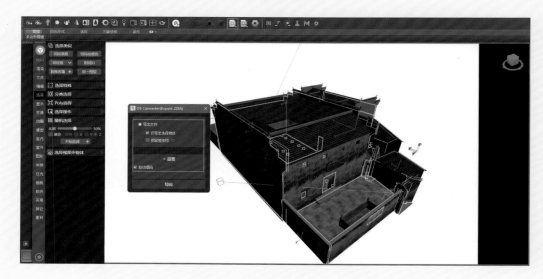

步骤2 新建一个D5Render的空文档。先关闭动态效果，这样能够节省一部分资源。

步骤3 点击导入命令，将地平模型导入场景中，然后在列表中选中此模型，将其放置到场景中。

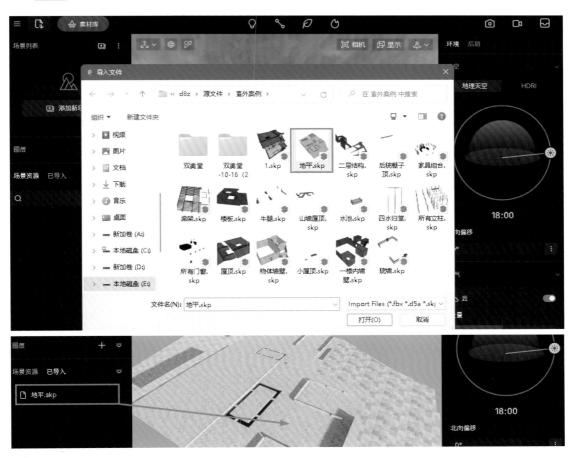

步骤 4 按照制作生长动画的顺序，一个一个地将所有组件导入场景中，这样模型便会从上到下依次排列。先选择第一个组件，按住"Shift"键加选所有的导入模型，点击 █【对齐坐标系】，将所有模型按照第一个模型的位置进行恢复坐标的操作。

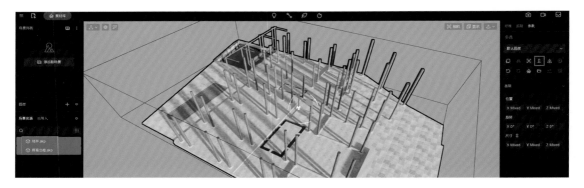

步骤 5 模型全部导入后，要对其材质进行调整。材质的调整可以借鉴之前章节的内容，用户也可以跟着本书配套的视频教程进行操作，得到如下图所示的材质效果。

步骤 6 先为场景添加一个大的平面作为地面以接受投影，再为其添加室内外的各类素材模型。这里要提醒大家的是，所有的添加元素最好分类进行成组管理，这样在不同的相机中便可以对物件进行快速隐藏或者显示。

7.3.2 生长动画的建立

步骤1 进入视频编辑面板，首先将场景中的植物组件进行隐藏，建立第一个镜头。

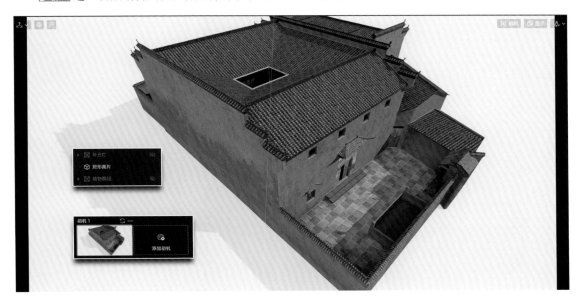

步骤2 将建筑的位置稍作旋转后，创建第二个镜头，并手动将动画的播放时长调整为10秒。

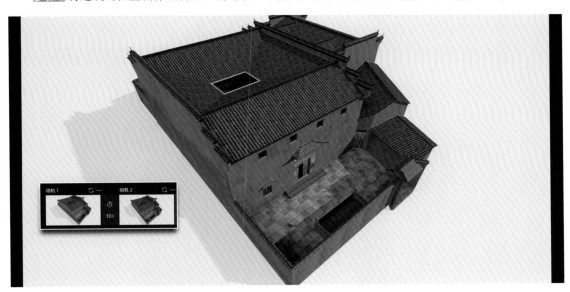

步骤3 在列表中选择地平模型，将时间线向后拖拽一段位置，创建第一个关键帧，再向后拖拽一秒左右，创建第二个关键帧。将时间线定位到第一个关键帧的位置，使用移动工具将模型移动到地面的下方，并对其进行等比例的缩小操作。

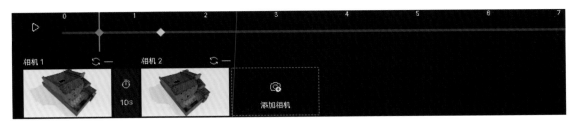

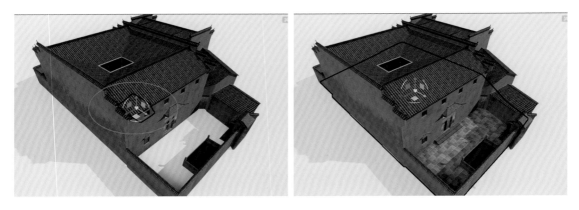

步骤 4 制作完第一个动画后，选择地平下方的"所有立柱"组件，在地平动画临近结束的时候添加起始关键帧，然后依然向后拖拽一秒左右的时间，建立第二个关键帧。再次定位到立柱动画的起始关键帧，将其移动到地面下方并等比例缩小，这样立柱动画便制作完成了。

步骤 5 按照这个思路，继续在列表中选择组件，制作从地面下方向上生长的动画，直到所有的动画制作结束。

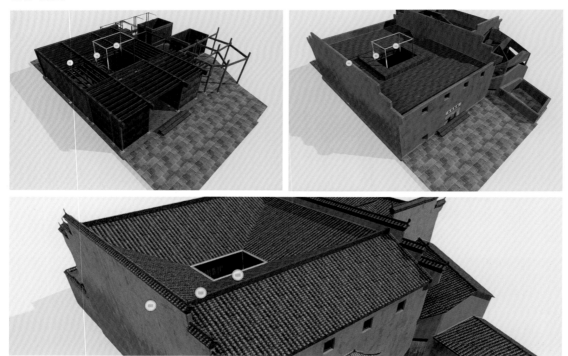

用户如果想制作建筑结构从天而降的效果，要特别注意阴影的问题，如下图所示。

红色标记处即为屋顶组件在镜头上方投射下来的阴影，这样就穿帮了。所以如果有地面参与的降落动画，一定要避免出现类似的穿帮。修正方法非常简单，缩小起始帧位置组件的大小即可。当然，也可以将地面删除，单纯制作降落动画或者由小到大的生长动画。

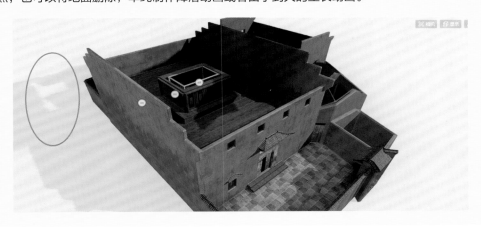

步骤6 制作剩余的动画，只需要对其镜头进行相应的添加即可。

到此为止，本案例的所有动画就制作完毕了，用户可以直接导出，再进行后期剪辑。在本书配套的视频教程中为大家提供了详细的制作流程以供参考。